Texte détérioré — reliure défectueuse

NF Z 43-120-11

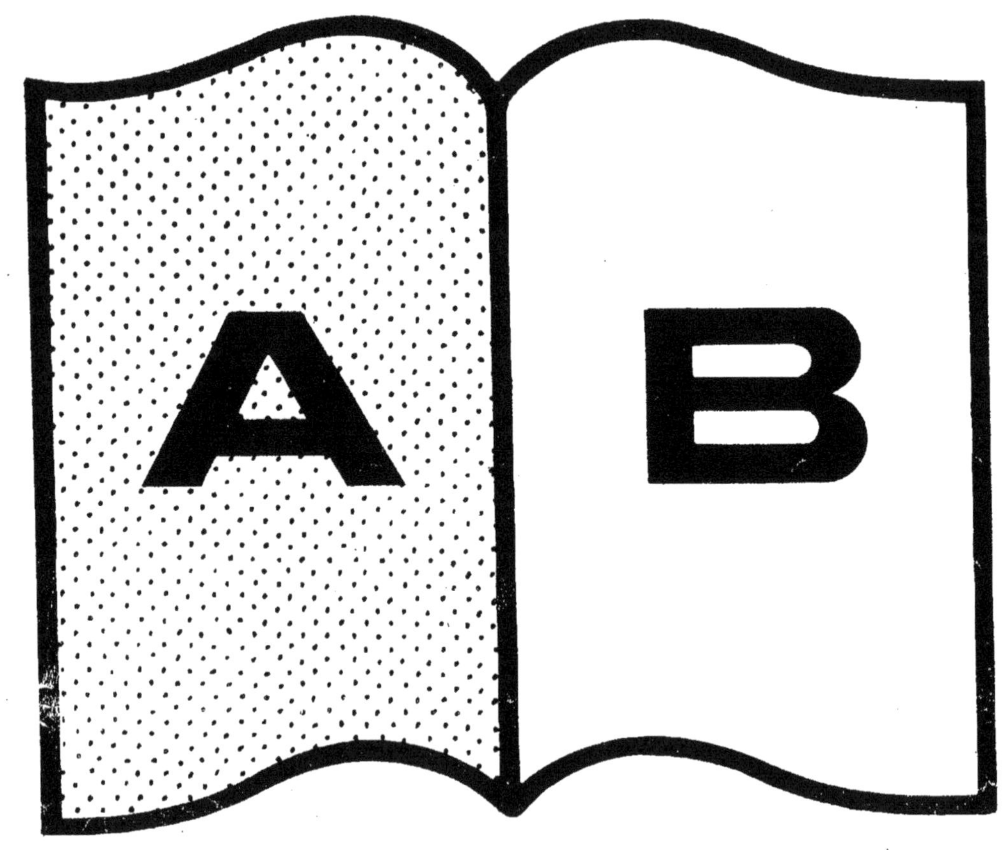

Contraste insuffisant

NF Z 43-120-14

ENCYCLOPÉDIE-RORET

TAILLE DES ARBRES FRUITIERS.

Ouvrages qui se trouvent à la librairie encyclopédique de RORET.

Traité des arbres et arbustes que l'on cultive en pleine terre en Europe et particulièrement en France, par DUHAMEL DU MONCEAU, rédigé par MM. VOILARD, JAUME SAINT-HILAIRE, MIRBEL, POIRET, et continué par M. LOISELEUR-DESLONCHAMPS; ouvrage enrichi de 500 planches gravées par les plus habiles artistes, d'après les dessins de REDOUTÉ et BESSA, peintres du muséum d'histoire naturelle; 7 vol. in-fol., papier jésus vélin, figures coloriées. Au lieu de 3,300 francs,.. 450 fr.

ON A EXTRAIT DE CET OUVRAGE LE SUIVANT :

Nouveau traité des arbres fruitiers par DUHAMEL, nouvelle édition très augmentée par M. VEILLARD, DE MIRBEL, POIRET et LOISELEUR DESLONCHAMPS, 2 vol. in-fol. orné de 145 planches, prix, fig. noires......... »» Figures coloriées......... »»

Cours complet d'agriculture (nouveau), du 19e siècle contenant la grande et la petite culture, l'économie rurale domestique, la médecine vétérinaire, etc., par les membres de la section d'Agriculture de l'Institut de France, etc. Nouvelle édition revue, corrigée et augmentée. Paris, Deterville. 16 vol. in-8, de près de 600 pages.

Manuel des instruments d'agriculture et de Jardinage les plus modernes, contenant la gravure et la description détaillée des Instruments nouvellement inventés ou perfectionnés, la plupart dessinés dans les meilleurs Ateliers de la capitale. Ouvrage orné de 121 planches et de gravures sur bois intercalées dans le texte; par M. BOITARD. 1 vol. grand in-8.......................... 12 fr.

Manuel du Jardinage (pratique simplifiée) à l'usage des personnes qui cultivent elles-mêmes un petit domaine, un Potager, une Pépinière, un Verger, des Espaliers, un Jardin paysager, des Serres, des Orangeries et un Parterre, etc., par M. LOUIS DUBOIS. 1. vol. orné de fig... 2 fr. 50

Manuel du jardinier, *ou* l'Art de cultiver et de composer toutes sortes de Jardins, par M. BAILLY. 2 gr. v. or. de pl. 5 fr.

Manuel du Jardinier des primeurs, *ou* l'Art de forcer les Plantes à donner leurs fruits dans toutes les saisons, par MM. NOISETTE et BOITARD. 1 vol. orné de fig................. 3 fr.

Manuel des jardiniers, ou l'art de cultiver les jardins, renfermant un Calendrier indiquant mois par mois tous les travaux à faire en Jardinage, les principes d'Horticulture, etc., par un *Jardinier agronome*. 1 gros volume de 556 pages, orné de figures....... 3 fr. 50

Manuel du chasselas, sa culture à Fontainebleau, par un vigneron des environs. 1 vol. avec figures................ 1 fr. 75

MANUELS-RORET.

TRAITÉ THÉORIQUE ET PRATIQUE

DE LA

TAILLE DES ARBRES FRUITIERS

contenant

LES NOTIONS INDISPENSABLES DE PHYSIOLOGIE VÉGÉTALE ; UN PRÉCIS RAISONNÉ DE LA MULTIPLICATION, DE LA PLANTATION ET DE LA CULTURE ; LES VRAIS PRINCIPES DE LA TAILLE, ET LEUR APPLICATION AUX FORMES DIVERSES QUE REÇOIVENT LES ARBRES FRUITIERS,

AVEC PLANCHES POUR L'INTELLIGENCE DU TEXTE

A l'usage de l'école centrale de taille, à Vilvorde,

PAR M. L. DE BAVAY,

Chevalier de l'Ordre de Léopold ; décoré de la Croix de fer ; propréitaire des pépinières royales de Vilvorde ; Directeur des écoles centrales d'horticulture et de taille de l'État ; présiden du deuxième Comice agricole du Brabant ; membre de la Commission provinciale d'Agriculture ; Collaborateur du Moniteur des campagnes, etc., etc.

PARIS

LIBRAIRIE ENCYCLOPÉDIQUE DE RORET,

RUE HAUTEFEUILLE, 12.

1850

AVIS.

.e mérite des ouvrages de l'*Encyclopédie-Roret* leur a valu les ıneurs de la traduction, de l'imitation et de la *contrefaçon*. Pour tinguer ce volume, il portera, à l'avenir, la *véritable signature* l'Éditeur.

CORBEIL, IMPRIMERIE DE CRÉTÉ.

A M. CHARLES ROGIER,

MINISTRE DE L'INTÉRIEUR,
ANCIEN MEMBRE DU CONGRÈS NATIONAL, MEMBRE DE LA CHAMBRE DES REPRÉSENTANTS, OFFICIER DE L'ORDRE DE LÉOPOLD, DÉCORÉ DE LA CROIX DE FER, GRAND'CROIX DES ORDRES DE LA BRANCHE ERNESTINE DE SAXE-COBOURG-GOTHA ET DE L'ÉTOILE POLAIRE DE SUÈDE, GRAND OFFICIER DE LA LÉGION D'HONNEUR, ETC.

MONSIEUR LE MINISTRE,

Vous n'avez point failli à votre glorieux passé : vous avez, depuis votre avénement au ministère, continué à justifier les espérances que la Belgique libérale avait mises en vous. En présidant au développement d'une sage liberté, vous avez donné des gages à la cause de l'ordre, augmenté l'attachement à notre nationalité et imposé silence à ceux qui rêvaient, pour notre patrie, les désordres de l'anarchie et le despotisme qu'elle enfante.

Le pays entier gardera religieusement le souvenir de tant de titres à la reconnaissance publique.

Permettez-moi, M. le ministre, de rappeler, dans la sphère de mes études spéciales, les services plus modestes, mais non moins utiles que vous avez rendus à l'industrie agricole. Grâce à une impulsion éclairée, la science agronomique sera bientôt populaire; les perfectionnements de la culture accroîtront le capital national, et mettront la production en rapport avec les besoins de l'alimentation du peuple. Quand le bien-être matériel, dont la nature a fait notre première préoccupation, sera assuré pour tous, une nouvelle carrière s'ouvrira au progrès intellectuel et moral.

C'est dans cet ordre d'idées, M. le ministre, que vous avez créé un grand nombre d'institutions, gages de prospérité et d'avenir. Je vous remercie de l'honneur que vous m'avez fait en me confiant la direction de l'une d'elles : l'École d'arboriculture. J'ai cru remplir vos intentions, en composant, sur cette matière, un traité approprié à notre climat, et qui fût à la hauteur des connaissances les plus récemment acquises.

Je viens vous prier, M. le ministre, d'assurer le succès de mon œuvre, en y accordant le patronage de votre nom.

J'ai l'honneur d'être M. le ministre,

Votre très-humble et très-obéissant serviteur,

L. DE BAVAY.

PRÉFACE.

Les travaux d'arboriculture auxquels je me livre, depuis 25 ans, les relations que j'ai dans tout le pays, à l'occasion de ces travaux, m'ont mis à même de constater combien est générale l'absence de toute notion précise en cette matière. Il en est ainsi notamment pour la taille des arbres fruitiers. A peine avons-nous, sur une partie si importante de l'agriculture, quelques instructions disséminées dans des recueils périodiques, où il est à peu près impossible de les retrouver au moment où l'on en a besoin. Fussent-elles réunies et coordonnées, qu'on n'y trouverait pas encore un enseignement complet, pas plus que dans les diverses compilations qui ont été publiées, sans être appropriées à notre climat.

A défaut d'un ouvrage national où ils soient déposés, les principes sur la taille des arbres, empruntés à nos voisins du Midi et modifiés d'après l'expérience personnelle, sont le privilége de quelques rares amateurs, qui jamais ne se sont arrêtés à la pensée de s'ériger en professeurs.

J'aurais suivi cet exemple, si je n'eusse consulté que mon goût. Mais j'ai pensé qu'en m'appelant à diriger l'école d'arboriculture, le gouvernement m'avait imposé le devoir de réunir en un faisceau et de populariser par la publicité, les connaissances propres à faire prospérer la culture des arbres fruitiers. Lorsque cette culture aura réalisé les progrès dont elle est susceptible, nos essais d'exportation de fruits acquerront plus d'importance. Il y a là, j'en suis convaincu, les éléments d'un vaste commerce, qui, en faisant pénétrer, dans le moindre hameau, une part de bénéfice, y portera un accroissement de bien-être.

J'ose espérer que cet ouvrage, fruit de mes études et de mon expérience, contribuera quelque peu à ce grand résultat.

Dans la première partie, j'expose les connaissances qu'il est indispensable de posséder sur l'organisation des arbres, et les indications générales sur les moyens de les multiplier.

J'explique, dans la seconde, les opérations d'hiver et d'été dont l'ensemble constitue l'art de la taille proprement dite. Je crois pouvoir recommander cette partie à l'attention de mes lecteurs, parce que, bien comprise, elle donne l'intelligence des procédés nouveaux qui assurent la fertilité des arbres, leur impose une forme agréable et prolonge leur existence. Les difficultés de la taille ont été traitées aux articles du pêcher, du poirier et de la vigne. Les autres reçoivent un traitement analogue.

La troisième partie est consacrée à divers points importants de la culture des arbres fruitiers. Enfin, un vocabulaire en forme de table alphabétique termine l'ouvrage et explique les termes peu connus qui y sont employés.

J'ai fait tous mes efforts pour ne rien omettre des principes fixes qui, fondés sur les lois de la végétation naturelle, règlent la taille des arbres d'une manière assurée. Je les ai exposés simplement et sans aucun artifice de style, pour les rendre plus intelligibles à nos jardiniers, qui, je l'espère, s'en pénétreront.

Je me suis hâté de faire paraître ce livre, parce que j'ai voulu qu'il précédât l'ouverture du cours public de taille, où seront mis en pratique les principes que j'ai développés. La rédaction, je ne me le dissimule pas, se ressent de cette précipitation. Les planches ont été faites avec une grande régularité, pour éclaircir complétement les détails auxquels elles se rapportent.

Je recevrai avec reconnaissance, de tous les hommes compétents, les observations tendant à améliorer mon travail, soit en me signalant quelque omission, soit en m'indiquant quelque erreur de doctrine. Mon ambition serait qu'à l'aide de ces bons conseils, ce traité, pour lequel je réclame aujourd'hui l'indulgence du public, devînt un jour le code universel de la taille des arbres fruitiers en Belgique et dans le nord de la France.

PREMIÈRE PARTIE.

CONNAISSANCES PRÉPARATOIRES.

CHAPITRE PREMIER.

NOTIONS SOMMAIRES SUR L'ORGANISATION DES ARBRES.

PREMIÈRE SECTION.

Les parties qui constituent l'organisation ligneuse.

Le fruit, soit qu'il se mange, soit qu'il ne se mange pas, est le résultat d'un ovaire fécondé. Pour la reproduction, c'est la partie du fruit qui contient le germe ou la semence. C'est le pepin dans la poire, la pomme, le raisin, etc. ; c'est le noyau, ou mieux, l'amande qu'il contient, dans la pêche, la prune, l'abricot, la cerise, etc.

Considéré dans cette dernière acception, un fruit, quel qu'il soit, confié à la terre dans les circonstances indispensables d'humidité et de perméabilité à l'air atmosphérique, germe dans un temps plus ou moins long, selon son espèce. Cette évolution donne lieu à une végétation souterraine dont le résultat prend d'abord le nom de *radicule*, et à une végétation aérienne au produit de laquelle on applique la dénomination de *plumule*.

La *radicule* est la partie de l'embryon destinée à former les racines, qui ont pour mission d'attacher l'arbre au sol, en s'y enfonçant, et d'y puiser, pour sa nutrition, l'humidité et les sels qu'il doit s'approprier.

La *plumule* est la portion de l'embryon chargée de constituer la tige ou plutôt le corps de l'arbre. Elle s'élève verticalement vers le ciel, surmontée d'un mamelon radiculaire que l'influence atmosphérique métamorphose en œil, dont la fonction est de la prolonger, et se dégage, en sortant du sol, des deux cotylédons qui enveloppent l'embryon et le nourrissent de leur substance mucilagineuse jusqu'au moment où la radicule et la plumule fonctionnent de manière à suffire à la vie du jeune être dont ils sont les rudiments.

La radicule et la plumule, qu'on pourrait comparer à deux cônes croissant en sens inverse, l'un sous terre, l'autre à l'air libre, sont accolées par leur base; et leur point de jonction, qui se trouve précisément au niveau du sol, se nomme le *collet*.

La radicule, qui prend naissance à ce point, continue à croître souterrainement en développant des ramifications qui augmentent en longueur et en volume, et se prolongent plus ou moins perpendiculairement ou horizontalement, selon que les racines (nom qu'elles prennent alors) sont pivotantes ou traçantes. Ces racines se subdivisent elles-mêmes en un grand nombre de ramifications fibreuses et grêles dont les plus petites, qui les terminent, ont, à leur extrémité, un organe important nommé *suçoir* ou *spongiole*. Il est, pour chacune d'elles, une bouche aspirante par laquelle s'élève l'humidité du sol, tenant en dissolution les sels qui contribuent à la constitution végétale. L'ensemble de ces fibres radicales, plus ou moins déliées, porte le nom de *chevelu*.

Pendant les évolutions de la radicule, d'où résulte l'organisation des racines, la plumule ne reste pas inactive. Elle croît en hauteur sous l'aspiration du mamelon radiculaire qui la termine, et qui s'est converti en œil. Lorsqu'il est parvenu au point que la nature a fixé pour son espèce, et au delà duquel il cesserait de croître si son action n'était secondée par d'autres productions pareilles, l'écorce de la jeune tige se gonfle à une place plus ou moins rapprochée du sommet, mais toujours entre lui et les cotylédons, qui, dans quelques espèces, accompagnent la plumule dans l'air jusqu'à une hauteur déterminée, et ont alors le nom de feuilles séminales, et un nouvel œil s'ouvre passage sur un des côtés de la tige. Cette évolution se succède pendant la saison de la végétation, et l'intervalle qui sépare ces yeux prend le nom d'*entre-nœud* ou *mérithale*.

L'*œil* ou *gemma* est donc la première forme que revêt la séve pour commencer les ramifications d'un arbre dans sa partie aérienne, de même que les mamelons radiculaires, qui se forment souterrainement sur les racines, donnent naissance à celles qui les divisent. L'œil est le berceau du bourgeon, qui devient rameau, et celui-ci branche. Il est recouvert d'écailles destinées à le défendre contre les intempéries de l'hiver qu'il doit subir avant de s'ouvrir en bourgeon. Les botanistes lui ont donné le nom de *gemma ;* nous lui conserverons celui d'*œil*, que les jardiniers ont consacré.

Ce nom désignera toujours pour nous une production ligneuse ; nous réservons l'appellation de *bouton*, que quelques personnes font synonyme d'œil, à donner l'idée d'une fleur non encore épanouie et dont la fin est le fruit.

Les yeux sont ou *terminaux* ou *latéraux*. Les premiers sont ceux qui se trouvent à l'extrémité supérieure d'un rameau. Ils sont de deux sortes : l'*œil terminal naturel*, qui est celui que la végétation normale a formé pour couronner un rameau et que nous appellerons tout simplement *œil terminal* et l'*œil terminal combiné*, qui est celui que la taille, dans ses prévisions, a rendu terminal en coupant toute la partie du rameau qui le dépassait. Il n'y a d'*œil terminal* qu'au sommet des rameaux non taillés, et d'*œil terminal combiné* qu'à la partie la plus extrême des rameaux qui l'ont été.

Les yeux latéraux sont ceux qui naissent autour des rameaux, le plus souvent, pour ne pas dire toujours, dans l'aisselle des feuilles. On dit qu'ils sont *supérieurs*, quand ils naissent sur le dessus des rameaux plus ou moins inclinés obliquement ; *inférieurs*, dans le cas opposé; *antérieurs*, s'ils occupent le devant dans les arbres en espaliers, ou le dehors dans les pyramides, les vases, etc., et enfin *postérieurs*, s'ils ont poussé sur le côté du rameau tourné vers le mur, pour les premiers, ou vers l'intérieur de l'arbre pour les seconds.

Il y a trois sortes d'yeux latéraux : 1° les latéraux *axillaires*, qui naissent régulièrement dans l'aisselle des feuilles ; 2° les latéraux *latents*, qui ne diffèrent des précédents que parce que leur évolution est restée incomplète. Ils demeurent quelquefois inertes pendant plusieurs années, sont à peine visibles sur le vieux bois, et ne reprennent ordinairement de l'activité que sous l'influence d'une taille courte ; 3° les latéraux *adventifs*, qui percent à travers l'écorce sur un point imprévu du vieux bois par l'effet d'amputations graves. Il n'y a pas d'arbres fruitiers sur lesquels des yeux adventifs ne puissent percer. Ils ne sont jamais axillaires, c'est-à-dire qu'ils n'ont pas pour berceau l'aisselle d'une feuille.

Au printemps qui suit sa formation, l'œil se convertit en *bourgeon*. Celui-ci est donc le second état sous lequel débute une ramification. Il croît durant la saison de la végétation pendant laquelle il développe des feuilles, et, vers la fin, il est lui-même terminé par un œil qui arrête sa croissance de l'année ; presque aussitôt des yeux poussent dans l'aisselle des feuilles, de façon qu'après la chute de celles-ci, il est couronné par un œil terminal et garni, sur les côtés, d'yeux latéraux axillaires : dans cet état, il est *rameau*.

Celui-ci est donc le troisième état d'une ramification. Il succède immédiatement au bourgeon, qui lui-même est le résultat de l'ouverture d'un œil. Au printemps, avant l'ascension de la séve, le rameau n'est encore que ce qu'il était à la chute des feuilles, excepté qu'il est plus aoûté ; mais dès que la douce chaleur des premiers beaux jours fait gonfler les yeux dont il est garni, celui qui le termine devient un bourgeon qui va le prolonger. Les latéraux donnent lieu chacun à une production semblable ; et lorsque tous ces bourgeons ont complété l'évolution qui les constitue rameaux, celui qui les porte, a son bois vieilli d'un an, et se convertit en *branche*, qui ne prend ce nom que lorsque les productions dont elle est garnie, sont à l'état de rameau.

La branche est l'état définitif d'une ramification. Elle a pour origine un œil, et n'est complétement organisée qu'à la quatrième année de la naissance de ce dernier. En effet, la première année celui-ci se forme ; la deuxième année, il est bourgeon; la troisième, rameau; et la quatrième, branche. La tige est une branche venue de semis ; comme telle, sa formation a lieu à la troisième année. La première, le mamelon radiculaire se convertit en œil et forme un bourgeon ; la seconde, le bourgeon se métamorphose en rameau; et la troisième, le rameau, en branche. Cette tige ou branche mère se charge de ramifications en nombre indéterminé ; elles deviennent branches aussi, en subissant les métamorphoses que nous venons d'indiquer, et se ramifient, à leur tour, d'une manière identique, et par les évolutions de végétations successives.

Toutes les parties apparentes d'un arbre, c'est-à-dire les racines, le tronc et ses ramifications, sont enveloppées d'une écorce de même nature, qui se compose de quatre parties : l'*épiderme*, l'*enveloppe herbacée*, les *couches corticales* et le *liber*.

L'*épiderme*, pellicule extérieure qui recouvre toutes les parties d'un arbre, est une enveloppe mince, sèche, transparente, criblée d'une infinité de pores. Il est très-apparent sur les jeunes tiges, dont on peut aisément le séparer ; il se déchire à mesure que la partie qu'il enveloppe augmente de volume; il se reproduit assez facilement. Sa coloration est due à sa transparence, qui permet au tissu sur lequel il est appliqué de faire paraître sa couleur.

L'*enveloppe herbacée*, qui le suit immédiatement, est une substance communément verte, succulente, et qui devient très-humide, lorsque la séve est en circulation. Elle s'étend sur toutes les parties de la plante, depuis les racines jusqu'au sommet des plus faibles rameaux. Elle acquiert une épaisseur plus ou moins considérable. C'est elle qui, au printemps, donne passage à la séve dans son ascension vers les sommités les plus élevées des ramifications.

Les *couches corticales*, placées au-dessous d'elle, sont des lames fibreuses appliquées les unes sur les autres et comme en faisceau. Elles sont criblées d'une multitude de mailles remplies d'une substance gélatineuse considérée comme la substance organisatrice.

Le *liber* est la partie la plus interne de l'écorce ; il touche à l'aubier, qui le repousse incessamment vers la circonférence, au fur et à mesure qu'il forme de nouvelles couches extérieures. Son nom lui vient de ce qu'il est composé de plusieurs lamelles minces et superposées les unes aux autres, comme les feuillets d'un livre. Il est imprégné d'une substance visqueuse, nommée *cambium*, et que l'on croit être la séve élaborée et descendante.

Les *feuilles*, auxquelles les bourgeons donnent naissance, sont les organes extérieurs les plus importants des arbres. Elles sont une expansion de l'enveloppe ou tissu herbacé ; elles se composent d'un *disque*, qui est la partie mince et étalée, toujours verte dans les arbres qui nous occupent, et d'un *pétiole* ou queue qui leur sert de support. Elles ont deux surfaces : la supérieure, tournée vers le ciel, est presque toujours lisse et quelquefois lustrée ; et l'inférieure, qui regarde la terre, est parfois rugueuse, velue et presque généralement sillonnée de nervures saillantes. Ces deux surfaces offrent une multitude de pores par lesquels elles absorbent les gaz atmosphériques nécessaires à la nutrition, et exhalent ceux qui sont nuisibles ou inutiles. L'exhalation a lieu par la surface supérieure ; l'absorption, par l'inférieure. Les feuilles sont indispensables à l'existence des arbres ; toutes les causes qui les détruisent, pendant le temps de la végétation, ont des résultats funestes sur la santé de ces végétaux. Elles remplissent chez eux les fonctions des organes respiratoires dans les animaux ; et c'est dans leur tissu parenchymateux que s'élabore la séve pour se convertir en cambium, qui forme la substance organisatrice.

Enfin, pour compléter les notions que nous croyons utile de faire connaître relativement à la constitution ligneuse des arbres, nous dirons un mot de l'*aubier*, du *bois* et de la *moelle*.

L'aubier est une couche circulaire de bois imparfait ou naissant, d'une épaisseur variable et qui est immédiatement contiguë au liber. Sa couleur blanche l'a fait distinguer du liber, ordinairement vert, et du bois parfait, qui a toujours une teinte plus rembrunie. Il se revêt chaque année d'une couche extérieure, qui se forme aux dépens des lamelles fibreuses du liber, et par l'organisation du cambium en tissu ligneux. Il perd dans le même temps une couche interne, qui devient bois proprement dit.

Celui-ci se compose de couches concentriques, dont la plus intérieure a le moindre diamètre; elles sont plus dures et plus colorées que l'aubier. Le nombre de ces couches, mis en évidence par une coupe horizontale, indique l'âge d'un arbre, chaque couche étant le résultat d'une année.

Au centre du bois est une cavité cylindrique que l'on nomme *étui médullaire*. Il renferme la moelle, substance spongieuse, humide, plus abondante dans les jeunes tiges que dans les vieilles, qui finissent souvent par en être dépourvues. Dans la partie aérienne de l'arbre, elle pénètre jusqu'à l'extrémité du plus faible rameau ; elle descend de la tige jusqu'aux racines, mais dépasse fort peu le collet. On ignore quelles sont ses fonctions, et l'on n'a encore constaté son utilité que dans les jeunes productions.

DEUXIÈME SECTION.

Des organes de la fructification.

Maintenant que nous avons expliqué aussi succinctement que possible l'organisation ligneuse des arbres, faisons un examen également rapide des organes de la fructification.

Ces organes naissent dans les fleurs. Celles-ci sont diversement disposées sur leurs tiges. Cette disposition porte le nom d'inflorescence. Les diverses sortes d'inflorescences sont à l'égard des arbres fruitiers :

1° La *grappe*, dont l'axe principal porte des fleurs munies de pédicelles; exemple : le groseillier ;

2° La *panicule*, grappe composée dont les pédicelles du milieu sont plus longs que ceux du sommet ; exemple : la vigne ;

3° Le *corymbe*, chez lequel les pédicelles portés par le pédoncule, sont plus longs inférieurement que leurs supérieurs, de façon qu'ils portent leurs fleurs à la même hauteur : le poirier, le cerisier ;

4° Le *chaton*, sorte d'épi dont les fleurs ne renferment pas à la fois les étamines et le pistil : le mûrier.

5° Le *capitule*, dans lequel les fleurs sessiles sont agglomérées en tête sur un réceptacle commun : le figuier.

La fleur est considérée aujourd'hui comme un bourgeon terminal, dont les organes foliacés perdent leur apparence de feuille, pour prendre des caractères particuliers, à mesure qu'ils s'avancent vers le centre de la fleur. Une fleur complète a quatre rangs d'organes :

1° Le *calice*, qui a le plus des caractères des feuilles. Il est le plus extérieur, et ordinairement de couleur et de consistance herbacées ;

2° La *corolle*, dont les pétales ont une couleur autre que la verte, mais dont la forme plane rappelle l'origine foliacée ;

3° Les *étamines*, qui offrent des caractères fort différents des feuilles et se composent de filets plus ou moins longs et déliés, surmontés d'un petit corps ordinairement jaune, et qui a reçu le nom d'*anthère*. Ce qui dénote encore leur origine foliaire, c'est qu'on voit dans les fleurs doubles ces petits organes se dilater, s'élargir dès leur base et prendre une forme pétaloïde.

4° Le *pistil*, qui occupe le centre de la fleur, se compose ordinairement de deux parties : l'une, l'*ovaire* placé inférieurement, et qui est le plus souvent renflé et vert ; l'autre, le *stigmate*, surmontant l'ovaire, et qui est communément papilleux, blanc et visqueux.

Tels sont les organes qui constituent une fleur complète dans les genres d'arbres qui sont hermaphrodites, c'est-à-dire dont les deux sexes sont réunis dans le même appareil floral, comme le pêcher, le poirier, etc. Mais leur nombre varie, et il y a des fleurs où quelques-uns manquent, comme les étamines dans les fleurs femelles et le style dans les fleurs mâles des espèces monoïques et dioïques. Dans les premières, les fleurs mâles et les femelles se trouvent sur le même individu, mais séparément, comme le noisetier. Dans les secondes, il faut deux individus, dont l'un est mâle et l'autre femelle, pour obtenir la fécondation des graines, parce que chacun d'eux porte exclusivement des fleurs d'un seul sexe : les peupliers, les maclura, etc., sont dans ce cas.

Les étamines, avons-nous dit, sont surmontées d'une anthère qui contient la poussière séminale dans les petites vésicules dont elle est composée. Cette poussière séminale a reçu le nom de *pollen*. Celui-ci, en s'échappant de l'anthère, se dépose sur le stigmate où il s'attache, grâce à ses papilles et à la viscosité dont elles sont généralement imprégnées. Il descend peu à peu par le tube du style jusqu'à l'*ovule*, qui le termine inférieurement et auquel il communique par un orifice nommé *micropyle*.

L'*ovule* est une graine non encore fécondée. Il y a autant d'ovules que de stigmates, lesquels y correspondent chacun par un tube particulier, bien que souvent ces tubes, soudés ensemble, aient, à l'extérieur, l'apparence de n'en former qu'un. Une fois la fécondation opérée, l'ovule continue son développement pour former le germe qui mûrit en même temps que son enveloppe ; tandis qu'il peut y avoir des fruits qui, comme quelques raisins, acquièrent leur maturité sans renfermer de graines fertiles.

Tout ce qui dans le fruit, sous l'acception générale admise dans le monde, n'est pas graine, se nomme le *péricarpe ;* c'est l'ovaire mûr. Il se compose de l'*épicarpe* ou enveloppe externe, du *sarcocarpe*, ou partie moyenne parenchymateuse d'une épaisseur variable, et de l'*endocarpe* dans lequel la semence est immédiatement logée.

La graine, qui fait partie essentielle du fruit, porte en elle le germe d'un nouvel individu ; elle est le commencement et la fin de toute végétation.

Cette organisation du fruit dans les arbres dont nous aurons plus particulièrement à nous occuper, ne présente d'exceptions que pour le mûrier, le framboisier et le figuier. Le réceptacle des deux premiers, d'abord sec, devient ensuite succulent, et, en augmentant de volume, il enveloppe les ovaires de son parenchyme. Là, les petits grains que leur pulpe renferme sont autant de petits ovules libres qui contiennent chacun une semence. Dans le figuier, le réceptacle se creuse d'abord pour se refermer ensuite, en formant une espèce de bourse au centre de laquelle sont rangées les séries de graines.

Mais les parties correspondantes des divers fruits ne sont pas, chez tous, celles qui se mangent : dans les uns, c'est l'enveloppe ou péricarpe à l'exclusion des graines, comme la pêche et la poire ; dans les autres, ce sont les semences seules, comme dans l'amandier, le châtaignier, etc. En notre qualité de cultivateur-pomologiste, nous croyons devoir les faire connaître sous les rapports de leurs parties comestibles; et c'est dans ce sens que nous avons disposé le tableau ci-après, qui comprend tous les fruits dont la culture peut être utilisée en Belgique ainsi qu'en France, en nous efforçant de les présenter sous un aspect qui concorde avec leurs principaux caractères naturels.

NOMS.	GRANDEUR.	ÉPOQUE DE LA MATURITÉ des fruits.	DURÉE de la faculté germinative DES GRAINES séparées de leur péricarpe.

Première section.

FRUITS A ENVELOPPE OU PÉRICARPE COMESTIBLE.

A. — *Fruits simples.*

1° Drupes ou fruits à enveloppe succulente renfermant un noyau.

Le pêcher.	Arbre de 3e grand.	Août et septembre.	1 Mois.
L'abricotier.	— —	Id.	Id.
Le prunier.	— de 2e grand.	Septembre.	Id.
Le cerisier.	— de 1re grand.	Juillet.	Id.
Le cornouiller.	Grand arbrisseau.	Octobre.	Id.

2° Fruits à enveloppe charnue plus ou moins ferme.

a. — A Pepins.

Le poirier.	Arbre de 2e grand.	Octobre.	6 Mois.
Le pommier.	— —	Id.	Id.
Le cognassier.	— —	Novembre.	Id.

b. — A nucules ou graines osseuses.

Le néflier.	Arbre de 3e grand.	Octobre.	18 Mois.

3° Baies ou fruits dont les graines sont éparses dans une pulpe succulente à maturité.

La vigne.	Arbriss. sarment.	D'août en octobre, selon les variétés.	1 mois.
Le groseillier.	— en buisson.	Juin.	Id.
Le vinetier.	— —	Septembre.	3 mois.

B. — *Fruits composés.*

1° De carpelles ou pistules naturellement isolés dans une même fleur.

Le framboisier.	Arbuste.	Juillet.	1 mois.

2° De carpelles réunis en une seule masse par le développement des enveloppes florales.

Le mûrier.	Arbre de 2e grand.	Août.	6 mois.

2° De carpelles enveloppés par l'involucre devenu charnu et succulent.

Le figuier.	Arbre de 3e grand. Arbrisseau dans le nord de l'Europe.	Juillet-août.	3 mois.

Deuxième section.

FRUITS DONT LES SEMENCES SEULES SONT COMESTIBLES.

Fruits simples.

1° Drupes à enveloppe amère, lisse ou hérissée.

L'amandier.	Arbre de 2e grand.	Septembre.	2 mois.
Le châtaignier.	Id. de 1re grand.	Octobre-novembre.	6 mois.

2° Glands à demi-enveloppe coriace.

Le noisetier.	Arbre de 3e grand.	Septembre-octob.	6 mois.

3° Noix.

Le Noyer.	Arbre de 1re grand.	Septembre-octob.	6 mois.

CHAPITRE DEUXIÈME.

DE QUELQUES OUTILS, INSTRUMENTS ET SUBSTANCES UTILES EN ARBORICULTURE.

PREMIÈRE SECTION.

De quelques outils et instruments.

Nous ne nous arrêterons pas à décrire tous les outils et instruments qui composent l'arsenal d'un arboriculteur; nous parlerons seulement de ceux qui sont employés pour les opérations qui exigent des connaissances, et nous signalerons parmi eux les instruments que nous jugeons plus commodes et plus perfectionnés. Ce sont, en général, les plus simples que nous recommanderons, parce que leur usage est plus facile à apprendre.

Greffoir. Cet instrument, fig. 1, pl. I, est indispensable pour l'exécution des greffes en écusson et de toutes celles qui exigent des incisions à l'écorce, lesquelles doivent être toujours faites de la manière la plus nette. La lame A doit donc être en acier très-fin et très-tranchant. On en fait de plusieurs grandeurs. Le manche B est en corne de cerf ou autre matière rugueuse et se termine par une spatule C, en bois ou mieux en ivoire, mais jamais en acier, parce qu'étant destinée à soulever l'écorce et à glisser entre elle et l'aubier, il pourrait arriver que, dans les espèces à séve astringente, celle-ci fût altérée par son contact avec le fer.

Greffoir triangulaire. Cet instrument, de l'invention de M. Noisette, est commode pour toutes les greffes à entaille triangulaire, tant pour la coupe du sujet que pour celle de la greffe Il. se compose d'une lame, fig. 2; elle est longue de trois centimètres et creusée en gouttière triangulaire dont le sommet *a* est tranchant. Sa base *b* est carrée et ajustée pour entrer dans la mortaise A du manche, fig. 4, où elle est retenue par une vis de pression B dont la pointe pénètre dans un trou *c*, pratiqué sur la partie carrée *b* de la fig. 2.

La fig. 3 représente la même lame A, fixée par une vis sur une tige de fer B, terminée par un tenon carré *b*, lequel remplit le même office que celui de la fig. 2. Par ce moyen, l'instrument est renversé pour faciliter les entailles à faire près de terre.

La fig. 4 est le manche dans l'intérieur duquel se logent et se conservent les deux lames et qui se ferme à vis, ainsi qu'on le voit en *b*, *b*. Le sommet se compose d'une plaque de fer dans laquelle est pratiquée la mortaise carrée A, et à laquelle est adaptée la vis de pression *a*.

Scie greffoir. (Fig. 5, pl. I.) Ce nouvel instrument, fort bien imaginé pour les greffes en fente, nous a paru digne d'être connu. Il est long de 45 cent.; le manche en bois A, muni de sa virole en cuivre, a une longueur de 13 cent. et une circonférence de 10. L'autre partie de l'instrument B, est une lame plate qui a 32 cent. de longueur, à partir de la soie qui est forte et engagée dans le manche. Elle est terminée par un crochet *a* servant à suspendre l'instrument. Elle est renforcée dans l'espace *b* sur lequel est brasé un crochet en fer plat *c* parallèle à la lame. Plus loin est la lame carrée *d*, dont la partie inférieure est tranchante, le reste *e* est une scie à doubles dents. Lorsqu'on veut pratiquer une greffe en fente, on coupe la tête du sujet avec la scie, on applique sur l'aire la lame *d*, on frappe sur le dos avec un maillet, on introduit dans la fente le crochet *c*, qui, par un mouvement de la main à gauche ou à droite, en maintient l'ouverture pour le placement des greffes.

Scie à main. On en fait de diverses formes, mais toutes servent, pour les greffes, à couper la tête des sujets ou le sommet des grosses branches, et, dans la taille, à démonter les branches à l'égard desquelles la serpette serait impuissante.

Coins en bois. Ce sont des lames plates en bois très-dur et très-lisse de diverses dimensions, et qu'on emploie dans la greffe en couronne, pour glisser entre l'aubier et l'écorce, afin de détacher cette dernière pour introduire les greffes entre elle et l'aubier. On se sert aussi de coins en bois plus épais pour maintenir ouverte la fente pratiquée sur l'aire des sujets, afin d'y introduire les greffes.

Serpettes. L'essentiel, dans ces instruments qu'on fait de diverses formes et dimensions, c'est : 1° que la lame soit en bon acier et parfaitement tranchante, et que sa courbe supérieure ne soit pas trop arrondie ; 2° que le manche soit proportionné à la main qui doit s'en servir, c'est-à-dire assez gros pour qu'elle ne fasse pas continuellement, pour la tenir, un effort de pression qui fatigue à la longue. Il est utile aussi qu'il soit fait d'une matière rugueuse, comme la corne de cerf ; ce qui l'empêche de glisser aussi facilement.

Sécateurs. Nous en avons représenté un fig. 6, pl. I. Il y en a d'un grand nombre de modèles et de dimensions variées. Ces instruments, que les bons tailleurs d'arbres ont eu de la peine à admettre, n'ont encore pour eux que des usages restreints. Ils sont très-utiles pour la taille des rosiers, et généralement de tous les arbrisseaux épineux, mais, dans celle des arbres fruitiers, leur emploi se borne à couper les bourgeons, les rameaux et les petites branches dont la grosseur ne dépasse pas celle d'une forte plume à écrire. On leur reproche d'écraser la branche et de ne pas faire la plaie assez nette. Cet inconvénient, qui est réel, est beaucoup diminué quand la lame est bien faite, très-tranchante, très-évidée en biseau en dehors et décrivant une courbe allongée comme celle de la lame *a* de notre figure. Il faut aussi que le ressort qui fait écarter les branches, ait assez de force pour produire cet effet, et assez de souplesse pour ne pas résister outre mesure à la pression de la main. Le sécateur dont nous donnons la figure nous a paru réunir ces divers avantages : *a*, la lame fixée par une vis sur la branche A ; la branche B est d'une seule pièce et son sommet *b* sert de point d'appui au rameau sur lequel la lame ferme pour le couper. La vis *c* réunit les deux branches et traverse la base de la lame *a*. On voit en *d*, une espèce de barillet ou tambour, ayant pour axe une tige de fer, sur laquelle le ressort *e* forme cinq révolutions et a son extrémité soudée sur un faux tourillon en cuivre *f*. Celui-ci est échancré au centre pour glisser, sans dévier, sur une lame mince de fer *g*, fixée le long et en dedans de la branche du sécateur B, par ses deux extrémités coudées à angles droits, traversant cette branche en dehors de laquelle elles sont rivées. Le ressort *e* est formé d'une lame mince d'acier non trempé et tel qu'il sort de la feuille sur laquelle on le coupe; il est, par cette raison, moins sujet à casser; *h*, petite pièce de fer percée en dedans d'un trou rond dans lequel se loge le tenon *i* de la branche B pour fermer le sécateur.

Echenilloirs. Ce sont des instruments destinés à couper, au delà de la portée de la main, les branches d'arbres chargées de cocons et d'œufs de chenilles. Le plus simple, fig. 7, pl. I, se compose de deux branches : l'une A est un croissant terminé par une douille qui reçoit un manche d'une longueur proportionnée au point où l'on veut atteindre; l'autre B, est une lame tranchante surmontée d'une sorte de marteau dont le poids la tient écartée; sa base est coudée et terminée par un œil *b*, dans lequel on passe une corde que l'on tire brusquement, chaque fois que l'on veut couper une branche.

Echenilloir Dalbret. (Pl. I, fig. 8.) A, corps de l'instrument terminé en *a* par un crochet destiné à retenir la branche qui doit être coupée, et en *a'*, par une douille destinée à recevoir un manche en bois d'une longueur appropriée. Sur cette pièce A, est fixée, au moyen d'une vis *b*, sur laquelle elle tourne, une bascule B. Celle-ci a son sommet percé d'un trou *c* par où l'on passe la corde à l'aide de laquelle on doit la faire mouvoir; son autre extrémité est garnie d'une lame de sécateur *d*; *e*, arrêt qui retient la bascule B; *f*, tige de fer saillante, rivée sur la branche B, et qui agit sur le ressort *g*, roulé sur une tige de fer implantée en A et dont les révolutions sont cachées par une rondelle *h*; *i* est un piton vissé au haut du manche par où l'on fait passer la corde qui doit tirer la bascule. Pour faire agir cet instrument, on accroche, avec le crochet *a*, la branche à couper ; on tire la corde sans secousse jusqu'à ce que la lame *d* du sécateur s'élevant, comme l'indiquent les lignes ponctuées *j*, *j*, vienne toucher cette branche et la couper.

Ebourgeonnoir. (Pl. I, fig. 9.) Cet instrument a la forme d'une tenaille dont les deux pinces *a*, *a*, sont relevées afin qu'on puisse s'en servir de côté et non directement. Elles sont coupantes et peuvent faire, dans certaines occasions, le service d'un sécateur. Leur usage est assez bon pour l'ébourgeonnement, parce que l'on peut couper net, rez l'écorce et sans déchirure, les jeunes bourgeons qu'on veut supprimer.

Serpe. (Pl. I, fig. 10.) C'est une serpe ordinaire dont l'usage est très-répandu et fort commode pour couper les grosses branches d'arbres, lors des élagages et des recepages.

Couperet. (Pl. I, fig. 11.) Il remplace la serpe, lorsqu'il s'agit de couper de grosses branches, sans en endommager d'autres que l'on veut ménager, et pour lesquelles le bec de la serpe serait un embarras.

Hache à main. (Pl. I, fig. 12.) Le fer varie entre 20 et 25 cent. de longueur, et le manche entre 30 et 50 cent. ; son usage est le même que celui du couperet.

Les élagueurs se servent encore de griffes en fer pour grimper sur les arbres à une grande hauteur, et de tire-fonds, espèce de gros piton à vis, pour se faire çà et là des points d'appui en les enfonçant dans les arbres.

Sabre à tontures. (Pl. I, fig. 13.) On se sert de cet instrument pour tondre les haies et palissades à pied droit, afin d'en diminuer l'épaisseur et de les maintenir garnies. On donne au manche 1 mètre de longueur, et au fer 66 cent. La lame doit être bien aiguisée.

Croissant à talon. (Pl. I, fig. 14.) Cet instrument, plus commode que le croissant ordinaire, a 40 cent. de fer et est monté sur un manche de 2 mètres. On l'emploie pour la tonture des haies et des hautes charmilles et pour l'élagage des grands arbres.

Ciseau d'élagueur. (Pl. I, fig. 15.) Instrument dont la

lame, plus étroite que large, est coupante et terminée inférieurement par une douille pour recevoir un manche. Il est employé pour couper des branches.

Émoussoirs. Ces instruments, de l'invention de feu L. Noisette, sont indispensables pour nettoyer les arbres fruitiers des mousses et lichens, qui les envahiraient rapidement, si on ne les en débarrassait. Les figures 16, 17, 18 et 19, pl. Ire, les représentent. Un des côtés de chaque lame est uni et un peu tranchant pour agir sur les écorces lisses, et l'autre est finement denté pour les écorces à surface raboteuse. Les quatre formes que nous avons indiquées, suffisent à tous les besoins, comme de nettoyer les branches d'arbres en espaliers sur les parties qui regardent le mur, et de racler les troncs d'un certain volume ; seulement il est bon d'en avoir de plusieurs dimensions.

Paillasson à auvent. S'il est une chose à recommander sous notre climat, c'est l'emploi des paillassons pour auvent, afin de défendre, contre les intempéries, les arbres disposés en espalier, et plus particulièrement encore les pêchers. Outre les chaperons à demeure ou les tuiles qui débordent le mur, ces paillassons constituent des chaperons mobiles qu'on ôte et replace à volonté, et dont l'efficacité est certaine. Ces paillassons doivent dépasser la muraille de 40 cent. à l'exposition du midi ; de 30 à celle du levant, et de 50 à celle de l'ouest. Ils doivent être placés sous le chaperon pour en recevoir les égouttures, et portés par des supports. Un support est une potence en bois de treillage dont le dessus est incliné, et dont le montant s'attache, avec de l'osier, à la dernière maille du treillage.

DEUXIÈME SECTION.

Des ligatures et engluements.

Dans les opérations de la greffe on a besoin de diverses substances, soit pour ligaturer, soit pour garantir les plaies et parties de l'écorce incisées du contact de l'air et de la pluie. Nous allons en dire quelque chose.

2.

Ligatures. La laine grossièrement filée et peu tordue, nous paraît très-avantageuse par son élasticité, qui prévient les étranglements et les nodosités. Elle se défend aussi plus longtemps contre l'humidité, mais elle s'en sépare moins vite aussi, quand une fois elle en est imprégnée.

Les lanières d'écorce ont le défaut d'être difficiles à nouer, de n'avoir point d'élasticité et de pourrir promptement.

Le fil de chanvre ne doit jamais être employé; il nuirait à la reprise de la greffe par le resserrement qu'il reçoit de l'humidité.

Le jonc est peu solide ; il garde l'humidité et pourrit rapidement.

Les osiers sont employés pour les forts sujets, qui feraient éclater les autres ligatures.

Les lanières de toile goudronnée peuvent être d'un usage avantageux, parce qu'elles garantissent les greffes de l'humidité. On peut les préparer soi-même de la manière suivante : on coupe en lanières plus ou moins larges, selon la destination, de la toile pas trop grossière, et on les enduit, d'un côté seulement, d'une sorte de goudron chaud, composé de moitié poix noire, un quart suif et un quart cire, fondus et mêlés ensemble. Les rubans peuvent se conserver longtemps. Il suffit, pour les employer, de les réchauffer un peu, même avec l'haleine, et de les appliquer, avec la précaution de passer les doigts dessus à plusieurs reprises, pour qu'ils s'attachent à l'écorce.

Indépendamment des ligatures, il faut encore employer, pour garantir les greffes des influences extérieures, divers engluements dont nous croyons devoir indiquer la composition.

Cire à greffer. 500 gr. poix de Bourgogne, 125 gr. poix noire, 60 gr. cire jaune, 60 gr. résine; 15 gr. suif de mouton fondus sur un feu doux, et intimement mélangés, forment une excellente cire à greffer. Toutefois, pour s'en servir, il faut qu'elle soit tiède, ce que l'on obtient à l'aide d'un réchaud portatif. On doit veiller à ne pas l'employer trop chaude, parce qu'elle dessécherait les bords de l'écorce ; il suffit qu'elle puisse facilement être étendue avec un pinceau.

Voici une autre composition de cire qui peut s'employer sans être réchauffée. On fait fondre ensemble 500 gr. cire jaune, 500 gr. térébenthine grasse, 250 gr. poix de Bourgogne et 125 gr. suif de mouton. Lorsque ces divers ingrédients ont été fondus, intimement mélangés et refroidis, on les manie plusieurs fois avec les mains mouillées, et l'on en forme de petits pains. Pour l'employer, on la rend suffisamment malléable en la pétrissant de nouveau.

On se sert aussi d'un mélange, par portions égales, de terre glaise et de bouse de vache. Il a l'avantage de maintenir une sorte de fraîcheur, quand la saison est sèche, mais, par contre, il a l'inconvénient de fournir trop d'humidité dans les temps de pluie.

Enfin, on emploie encore de l'argile pure, assez corroyée pour ne pas se crevasser en séchant.

Ces diverses mixtures sont encore fort utiles pour garantir du contact de l'air les plaies et les déchirures d'écorce. Le mélange de terre glaise et de bouse de vache, en pareil cas, est même préférable à toute autre mixture.

CHAPITRE TROISIÈME.

DES MOYENS DE MULTIPLIER LES ARBRES ET LES ARBUSTES.

La nature a répandu, avec profusion, les principes de vie dans toutes les parties de l'organisation végétale, de façon qu'en plaçant chacune de ces parties dans les circonstances favorables, on parvient à former un nouvel individu.

Dans les arbres, le *semis des graines*, les *marcottes*, les *boutures* et la *greffe* sont les quatre procédés de multiplication sur lesquels nous devons nous arrêter plus ou moins longtemps, selon les avantages relatifs qu'ils présentent à l'arboriculture.

PREMIÈRE SECTION.

Du semis et des opérations qui en sont la suite.

§ 1. Du semis.

Cette opération peut s'appliquer, en général, à la reproduction de tous les végétaux; ses usages sont plus restreints en arboriculture, parce que les résultats se font attendre plus longtemps; que d'ailleurs les variétés ne se multiplieraient pas identiques, et qu'enfin celles qui sont à fleurs doubles ne donnent point de semences.

En indiquant approximativement, dans le tableau qui précède, la durée de la faculté germinative dans les principales espèces d'arbres à fruits qui nous occupent, nous avons eu pour but de faire voir quel temps pouvait s'écouler entre le moment où les graines se séparent de l'arbre, et celui où on peut les confier utilement à la terre. Mais, en général, la nature est le meilleur guide à suivre, et l'on peut dire que l'époque du semis est, pour chaque espèce, celle où les fruits tombent spontanément de l'arbre. Cependant, diverses considérations relatives à la nature du sol, à la température, etc., font reporter la plupart des semis au printemps. Il faut alors stratifier les graines qui perdent promptement leur faculté germinative, comme, par exemple, celles des fruits à noyau.

On stratifie dans du sable très-fin, de la manière suivante : dans une caisse ou tout autre vase, on étend un lit de sable de 5 cent. d'épaisseur, puis un lit de graines, sur lequel on place une nouvelle couche de sable de 3 cent. et ainsi de suite. On tient le vase dans un lieu légèrement humide, et on prolonge ainsi la durée des graines qui germent lentement, parce qu'elles sont à l'abri des influences de la lumière et de l'air atmosphérique. On a soin de fêler les noyaux de pêches, d'abricots, de prunes, d'amandes, etc., afin de faciliter la sortie du germe.

On peut toutefois rendre une certaine énergie vitale aux graines surannées par un procédé indiqué par M. de Humboldt, et qui consiste à immerger, pendant plusieurs heures, dans de l'eau mélangée à une petite quantité d'acide chlorique (60 gouttes par litre), les graines dont on craint l'ancienneté.

Quand on a convenablement préparé le terrain sur lequel on veut semer, et qu'on a eu soin de choisir d'une qualité appropriée à l'espèce qu'on veut lui confier, on procède à l'ensemencement à plat, soit à la volée, soit en ligne.

On sème à la volée, c'est-à-dire en répandant à la main, aussi régulièrement qu'on le peut, les graines fines, comme celles des fruits à pepins, et en calculant à peu près le développement que doivent prendre les jeunes sujets avant le premier repiquage.

Toutes les graines plus grosses sont semées en rayons, qu'on trace parallèlement sur la planche, à des distances également calculées sur le développement futur du jeune plant.

On saupoudre d'une terre fine les semis à la volée ; on abat les arêtes des rayons avec le dos du râteau, de manière à niveler la terre que l'on bat plus ou moins fortement avec le dos d'une pelle pour la tasser, et l'on jette sur elle une légère couche de paille, qui maintient la fraîcheur et empêche l'eau des arrosements de plomber trop fortement la surface.

La nature sème toutes ses graines à la surface du sol ; mais comme nous ne semons pas précisément dans les mêmes conditions qu'elle, on enterre plus profondément les grosses semences que les fines, parce qu'elles ont besoin, pour se développer, d'une plus grande somme d'humidité. La profondeur à laquelle il faut enfouir celles des arbres à fruits, varie depuis un demi-centimètre pour les plus fines, comme les mûres, etc., jusqu'à 5 cent. pour les plus grosses, comme les noyaux de pêches, les châtaignes et autres.

Enfin, on sème en place les arbres destinés à former des forêts ; ils vivent plus longtemps, et leur bois est plus sain et de meilleure quatlié. Cet avantage résulte de ce que ces arbres ont conservé leur pivot, qui concourt à les affermir dans le sol, et va chercher, au loin, une nourriture plus abondante et surtout une fraîcheur plus constante. On sème, en pareil cas, des graines à l'état de germination, par suite de la stratification qu'on leur a fait subir pendant l'hiver, et on les dépose, au plantoir, dans les augets formés aux places que doivent occuper les individus.

§ 2. Du repiquage des plants de semis.

Les jeunes plants de semis ne peuvent rester longtemps à la place où on les a semés. C'est pourquoi il faut les repiquer une première fois en pépinière : les arbres fruitiers, quand ils ont un an, les arbres forestiers quand ils en ont deux.

Les plants des grands arbres forestiers ou d'alignement sont disposés en ligne et en carrés. Les lignes sont espacées de 40 à 80 cent., selon le développement particulier à leur espèce, et la facilité qu'il faut se réserver de pouvoir les arracher sans faire aux racines de trop fortes mutilations.

Les arbres fruitiers sont également repiqués en lignes à des distances proportionnées à leur futur volume, et qui, surtout pour ceux qui sont destinés à former des pyramides, ne doivent pas être trop rapprochées.

On déplante avec soin, en creusant, à l'extrémité de la planche de semis, une tranchée assez profonde pour être au-dessous des racines; et on poursuit la déplantation en creusant de proche en proche au-dessous des jeunes plants afin de les soulever sans efforts, et en laissant intactes leurs racines les plus déliées.

On est toutefois dans l'habitude d'habiller les racines; ce qui consiste à supprimer une portion du pivot et des radicules latérales. Cette opération, qui a donné lieu à une assez vive controverse, paraît toutefois sans inconvénient grave, et offre l'avantage de faire remplacer le pivot par des racines divergentes qui s'enfoncent moins profondément; d'exciter à produire des ramifications, les racines latérales qui ont été coupées, et de multiplier ainsi le chevelu, et, par conséquent, les suçoirs par lesquels les arbres absorbent les sels du sol que son humidité tient en dissolution. Toutefois, il est de la plus grande importance que ces suppressions soient faites modérément, pour qu'il n'en résulte pas un trouble trop considérable dans l'économie des plants qui les subissent.

Les jeunes plants ayant ordinairement un appareil radiculaire plus développé, proportion gardée, que ne l'est leur partie aérienne, il convient d'éviter les trop grandes suppressions sur la tige, à moins toutefois que leur sommité ne soit languissante, auquel cas il faut la rabattre sur un des bourgeons inférieurs. Il y a, toutefois, des espèces dont il ne faut jamais rabattre la flèche. Les conifères surtout font partie de cette exception.

La plantation doit être faite immédiatement après l'arrachage, pour ne pas laisser le temps aux jeunes racines de se dessécher. Si quelque raison devait la retarder, il faudrait mettre en jauge les plants arrachés.

La saison la plus favorable aux repiquages est le commencement du printemps. Il est d'autant plus dangereux de les faire à l'automne, que la surface de la terre, soulevée par les gelées, entraîne, dans ce mouvement, les plants qui ne tiennent pas encore au sol.

Outre les jeunes plants obtenus de semis, on recueille, dans les bois et les haies, des sauvageons qui, pour la plupart, ont besoin de suppressions plus considérables, lors de l'habillage, que celles que nous venons d'indiquer. Venus dans un mauvais sol, le plus souvent mal arrachés, il est essentiel d'en retrancher tout ce qui est défectueux et mutilé.

§ 3. De la plantation.

Le plus souvent on greffe les arbres fruitiers en pépinière, mais quelquefois aussi, lorsqu'ils sont plantés, en place. Nous indiquerons plus loin les principales greffes que l'on a indispensablement besoin de connaître ; quant à présent, nous allons nous occuper de la plantation.

L'arrachage des arbres en pépinière est une opération qui exige beaucoup de soins : car si l'on prend toutes les précautions nécessaires, non-seulement la reprise est plus assurée, mais encore les arbres n'éprouvent aucun malaise, ni aucun ralentissement dans leur végétation. L'arrachage se fait à jauge ouverte, comme pour le repiquage. L'important est de ménager les racines le plus possible, et si, lors du repiquage, l'habillage a été fait soigneusement et convenablement, il en résulte, qu'outre une plus grande facilité pour arracher, le nouvel habillage que les racines ont à subir se borne à fort peu de chose. Il suffit de supprimer, avec une serpette bien tranchante, les parties de racines endommagées, et d'ébarber le chevelu, surtout si l'on soupçonne que ses extrémités peuvent être desséchées. Mais il faut bien se garder, sous le vain prétexte de symétrie, de rogner les racines qui n'en auraient aucun besoin. Toutes les coupes qu'on ne peut éviter aux racines doivent être faites en biseau un peu allongé.

Plus on fait de suppressions aux racines, plus on se croit obligé d'en faire à la tête, par la raison spécieuse, il est vrai, de la nécessité d'établir une sorte d'équilibre de forces entre les parties souterraines et aériennes de l'arbre. On va même jusqu'à couper la tête aux arbres qu'on transplante, pratique vicieuse et qu'on n'est pas encore complétement parvenu à détruire. Il est donc préférable de conserver aux arbres tout ce qu'il est possible, autant dans les organes radiculaires que dans la tige et ses ramifications; il y a même des essences d'arbres, comme les résineux, avons-nous déjà dit, qui doivent rester intactes dans toutes leurs parties.

Lorsqu'on met en place des arbres d'alignement, il faut distancer les plus grands de 10 mètres, et les plus petits de 3 mètres 50 c. Les moyens n'exigent que 7 m. Il est bien entendu que ces distances sont approximatives et dépendent de la nature du sol, des expositions, du plus ou moins d'élévation des localités, et plus particulièrement encore du but qu'on se propose.

La saison la plus favorable aux plantations est la fin de l'automne, dans les terres légères, et le commencement du printemps, dans les terres fortes et humides. La transplantation des jeunes arbres réussit mieux en automne qu'au printemps; celle des autres déjà un peu vieux, se fait très-convenablement, au contraire, à l'époque du premier développement de leurs bourgeons.

Ces indications s'appliquent parfaitement à toutes les catégories d'arbres fruitiers, soit tiges, demi-tiges, espaliers, nains, pyramides, etc.; seulement ici, lors de la mise en place, on les étête plus ou moins près de la greffe, pour leur faire produire d'abord les branches principales, destinées à former leur charpente. Mais, lorsqu'on transplante des arbres fruitiers déjà formés, il faut les maintenir aussi entiers qu'il est possible. Dans des cas semblables, si un arbre fruitier ou d'alignement a souffert, dans ses racines, par un arrachage exécuté sans précaution, il suffit, pour assurer la reprise, de tenir plus courtes quelques branches latérales, afin de diminuer d'autant l'appel de nourriture qui serait fait aux racines affaiblies.

On plante à tranchées continues dans les terrains qui n'ont pas été défoncés; mais dans ceux qui sont complétement ameublis, des trous carrés de dimensions proportionnées aux arbres qu'ils doivent recevoir, sont suffisants. Doit-on faire les trous ou tranchées longtemps avant la plantation, ou au moment même où elle va avoir lieu est une question qui a beaucoup occupé les arboriculteurs, et que l'expérience a résolue mieux que les raisonnements ou les discussions don't elle a fourni le prétexte. Il en résulte que, dans tous les terrains défoncés et ameublis les trous faits à l'avance ou au moment de la plantation, n'ont présenté aucune chance de plus de succès assuré ; et que, dans les terrains non amendés par la culture, il est utile d'ouvrir les fosses ou trous longtemps à l'avance, pour que les influences atmosphériques exercent leur action salutaire sur les terres qui en sont sorties comme sur leurs parois internes. Toutefois, on peut encore, en pareil cas, planter aussitôt l'ouverture des trous ou des tranchées, si l'on dispose d'une assez grande quantité de terre bien amendée pour remplacer celle qui en sort.

Lorsqu'il s'agit de planter des arbres fruitiers en haut-vent, on choisit des tiges droites, d'un diamètre, à la base, de 6 centimètres environ, et d'une hauteur sous les branches, de 2 mètres à 2 mètres 66 centimètres. Dans un trou carré d'un mètre 30, en tous sens, on place un haut-vent, en donnant une bonne direction aux racines ; et, pendant qu'un ouvrier jette sur elles la terre nécessaire à les couvrir, celui qui maintient l'arbre, le secoue légèrement, sans le soulever, afin de la faire pénétrer dans tous les interstices ; lorsque le trou est près d'être comblé, on tasse le sol autour de l'arbre d'autant plus qu'il est plus léger ; enfin, on achève de remplir le trou, en veillant à ce que la tige ne soit pas plus enterrée qu'elle ne l'était auparavant, c'est-à-dire juste à son collet, et de façon qu'il y ait autour d'elle une légère butte, si le terrain est fort, car alors on plante moins profondément, ou un auget, s'il est léger. Il est bien entendu que, pour les arbres greffés au pied, la greffe, en aucun cas, ne doit être enterrée, à moins qu'on ne veuille affranchir un poirier greffé sur cognassier ou un pommier greffé sur doucin ou sur paradis.

On a l'habitude de garantir les arbres, lorsque l'emplacement et les autres circonstances le rendent nécessaire, par une armure qu'on compose de rameaux épineux assujettis par des osiers.

Tous les arbres en plein vent, soit tiges, demi-tiges, pyramides, vases, nains, etc., sont plantés de la même manière, en proportionnant toutefois l'ouverture des trous et la distance à mettre entre eux, au développement réservé à chacun d'eux par la nature.

On plante également, dans des trous carrés, les arbres fruitiers destinés à être dirigés en espalier. Ils doivent être éloignés du mur de 16 centimètres environ, et leur tige légèrement inclinée vers lui, pour y être fixée. La distance qui doit séparer les arbres en espalier, comme en contre-espalier, est basée sur la forme qu'on leur destine et le développement qu'ils sont appelés à prendre; ce qui dépend des qualités du terrain. Comme ce n'est qu'avec le temps que ces arbres prennent les dimensions qui les rapprochent, on peut planter, dans les intervalles, d'autres arbres que l'on transplante ailleurs, quand ils gênent, et dans l'état de formation où ils se trouvent alors. Au reste, nous nous réservons d'ajouter les particularités qui concernent chaque espèce lorsque nous en traiterons.

DEUXIÈME SECTION.

De la greffe.

La greffe est fort anciennement connue. C'est, selon Thouin « une partie végétale vivante, qui, unie à une autre, s'identifie et croît avec elle, comme sur son propre pied, lorsque l'analogie entre les individus est suffisante. » Elle conserve et multiplie toutes les variétés et anomalies végétales dues au hasard d'une fécondation artificielle ou spontanée, et qui ne se reproduiraient pas par le sémis; elle accélère de plusieurs années la fructification; elle améliore les fruits, en hâte la maturité, en augmente le volume, et sert au perfectionnement des formes et à l'équilibre de la séve, en plaçant des rameaux là où la nature n'en a pas mis, ou en remplaçant ceux qu'un accident quelconque a détruits enfin, elle utilise des sauvageons qui, sans elle, n'auraient aucun mérite.

C'est par un ou plusieurs yeux ou gemmes pris sur l'arbre que l'on veut multiplier, et greffés sur un autre, qu'on le propage. Mais il faut, pour réussir complétement, qu'il y ait analogie entre la séve des deux individus, quant à sa nature et à sa circulation; que les sucs propres soient conformes, et que le temps de la présence des feuilles et l'époque de leur chute soient les mêmes; que la greffe soit faite au moment de l'ascension ou de la descente de la séve; que les parties incisées de l'écorce des deux individus soient mises en contact parfaitement coïncidant, ce qui facilite leur union et la circulation ascendante et descendante des fluides; et qu'enfin l'opération soit faite avec assez de célérité, pour que les parties incisées ne soient pas desséchées par le contact de l'air.

On a groupé les greffes en plusieurs tribus; nous allons les faire connaître, en ne décrivant toutefois que celles qui sont le plus employées et particulièrement utiles au plan de cet ouvrage.

§ 1. Greffes en approche.

Les greffes de cette section se font, sur des sujets enracinés, par l'approche d'une partie vivante d'un autre sujet également enraciné, et dont on ne la sépare qu'après que la soudure est complète. On les emploie pour métamorphoser les espèces sauvages ou inutiles en espèces produisant de bons fruits ou des fleurs agréables et rares; pour multiplier de très-jeunes individus; pour solidifier, par des croisements soudés, les haies de clôture; pour produire des bois courbes et anguleux utiles à la marine et à l'art de la construction; pour prolonger l'existence de vieux arbres, en soutenant, par de jeunes sujets greffés sur eux, leurs troncs près de se rompre; et enfin pour produire, dans les scènes paysagistes, les effets pittoresques que le goût et les localités inspirent.

Les greffes en approche et par placage s'effectuent en toutes saisons, mais mieux aux époques où les mouvements circulatoires de la séve ont le plus d'activité, comme au printemps et en août.

Pour exécuter la première (celle en approche), on plante un ou plusieurs sujets à côté de l'arbre qu'on veut reproduire et qu'on appelle, dans les pépinières, arbre mère; on coupe le sommet du sujet; on fait une entaille, et l'on y introduit un rameau de l'arbre mère, auquel on enlève, au point d'insertion, l'aubier jusqu'au bois; on fixe par une ligature solide, et l'on recouvre d'une mixture appropriée, pour garantir les plaies de l'accès de l'eau et les tenir dans l'obscurité. On opère la seconde greffe (celle par placage), en faisant sur chacune des parties que l'on veut greffer, et que l'on a préalablement présentées l'une sur l'autre, une plaie de dimension pareille, très-nette, et en enlevant l'épiderme jusqu'à l'aubier et même jusqu'au bois; on réunit les deux plaies de manière à ce qu'elles se recouvrent parfaitement, et que leur liber soit en contact par le plus de points possibles; on fixe également par une bonne ligature les parties ainsi accolées, et on les traite, comme il est dit plus haut pour la greffe en approche. On surveille leur croissance, pour remédier aux défauts que la végétation peut produire, et pour desserrer, à propos, les ligatures qui pourraient nuire à la circulation de la séve, et former des renflements ou nodosités. Quand la soudure est complète, on débarrasse la greffe des liens, devenus inutiles, et, dans les cas où elle doit être séparée de son pied, on la sèvre, en coupant ce dernier juste au-dessous d'elle, par une incision faite à deux ou trois reprises et à huit jours d'intervalle.

I. — *Greffe par approche de rameaux sur la tige de l'arbre auquel ils appartiennent.* (Pl. II, fig. 1). — Cette greffe a pour but de remplacer des rameaux ou des branches sur la partie de la tige où ils manquent. Elle peut trouver d'utiles applications sur les arbres fruitiers conduits en espalier, en vases, en pyramide, etc.

On fait deux entailles correspondantes, l'une sur le sujet B, l'autre sur le rameau à greffer C. On applique les deux plaies l'une contre l'autre; on ligature, on enduit de cire à greffer, et quand la soudure est complète, on sèvre la greffe. La pyramide A offre un exemple de cette greffe à son point *a*.

II. — *Greffe par approche d'une tête d'arbre sur une tige qui en est dépourvue.* (Pl. II, fig. 2.) — Sur l'aire de la coupe de la tige A on pratique une entaille triangulaire *a*; on forme sur l'arbre B dont on veut greffer la tête, une espèce de tenon *b*, taillé de façon à remplir exactement cette entaille, et qui soit pris sur la moitié de son épaisseur. On applique l'une sur l'autre la greffe et le sujet, et on ligature solidement. Si la tige du sujet est garnie de branches, on les ravale presque rez l'écorce. C représente cette greffe exécutée. Elle sert à remplacer dans une avenue, un quinconce, un verger, la tête rompue d'un arbre utile pour l'agrément ou le produit.

III. — *Greffe par approche d'une tige dont la tête a été coupée, sur une autre tige qui la conserve.* (Pl. II, fig. 3.) — Cette greffe a pour but de donner une grande vigueur à un arbre qui se trouve avoir ainsi deux systèmes de racines pour une tête ; de fournir un étai à un vieil arbre, ou enfin de produire quelque effet pittoresque.

On coupe la tête de la tige D, et on la taille en coin allongé A. On pratique sur l'arbre, qui garde sa tête, une entaille oblique comme en B. On insère dans cette entaille le coin A comme en C, et on ligature. On peut greffer ainsi plusieurs tiges sur un même arbre.

IV. — *Greffe en approche à quatre esquilles ou agrafes.* (Pl. II, fig. 4.) — Comme dans la greffe en approche simple, on présente, l'une sur l'autre, deux tiges auxquelles on fait à chacune une entaille longitudinale qui enlève une plaque d'écorce jusqu'à l'aubier. Pour la greffe en approche simple, il suffirait d'accoler les deux plaies et de ligaturer; mais ici, pour donner plus de solidité à la greffe, on forme sur l'aire de chaque entaille deux esquilles en sens inverse A et B, que l'on fait pénétrer par le côté les unes entre les autres ; ensuite on ligature. Cette greffe, plus difficile que la greffe en approche ordinaire, n'a pas d'autre but qu'elle.

§ 2. Greffes par scions.

Elles se font avec de jeunes pousses ligneuses qu'on choisit sur l'arbre qui les produit, pour les placer sur un autre destiné à les nourrir. On coupe les scions plusieurs jours à l'avance, afin que leur séve ait moins d'activité que celle des sujets sur lesquels ils doivent être greffés. Ceux qui sont pris sur les arbres à feuilles caduques peuvent être coupés en novembre et conservés, en bon état, jusqu'au printemps suivant, en les piquant en terre au nord et au pied des arbres dont ils proviennent. Pour les arbres fruitiers, on emploie plus généralement, pour greffer, les scions abattus au moment de la taille, et que l'on conserve de la même manière.

Pour placer ces scions sur les sujets, on coupe à ces derniers ou le sommet de leur tige ou celui des branches; quelquefois des incisions seules suffisent : ces dernières ou des entailles sont d'ailleurs toujours nécessaires.

Toutes les coupes doivent être faites avec un instrument très-tranchant, afin d'être nettes et de ne pas déchirer les écorces sur les bords. La coïncidence des couches corticales n'est pas moins nécessaire, et il faut l'obtenir sur la plus grande étendue possible des points de contact. Il faut également les ligaturer, et employer de la cire à greffer pour les préserver de la pluie et du hâle.

Les greffes par scions sont d'un usage général, et conviennent aux arbres jeunes et vieux. Elles se font, presque sans exception, au printemps lors de l'ascension de la séve. Les scions doivent être munis, au moins, de deux bons yeux.

V. — *Greffe en fente simple ou à un scion.* (Pl. II, fig. 5.) — Cette greffe est propre à la vigne et aux arbres dont les greffes doivent être enterrées, ainsi qu'à ceux que l'on ente à haute tige.

On coupe sur le collet des racines ou à différentes hauteurs, jusqu'à celle de 2 mètres 66, les tiges des sujets. On les fend au milieu de leur diamètre comme en A, et on insère, sur l'une des extrémités de cette fente, le scion B, taillé à sa base en lame de couteau, comme on le voit en *a*; on a soin de rentrer un peu le scion, afin que son écorce, plus mince que celle du sujet, puisse coïncider davantage avec les couches du liber.

VI. — *Greffe en fente simple sur le côté.* (Pl. II, fig. 6.) — Elle ne diffère de la précédente que parce que l'aire de la coupe du sujet est taillée en biseau allongé sur toute la partie non occupée par la greffe. Elle est préférable, parce qu'elle se défend mieux contre les eaux pluviales et qu'elle forme de plus belles tiges exemptes de bourrelets.

VII. — *Greffe en fente à deux scions* (Pl. II, fig. 7). — Celle-ci ne diffère de la greffe en fente simple que parce qu'on place à chaque extrémité de la fente un scion taillé, comme celui *a* de la figure 5. Cette greffe convient surtout aux sujets d'une certaine force.

VIII. — *Greffe en fente à quatre scions.* (Pl. II, fig. 8.) — Cette figure explique suffisamment cette greffe, qui ne diffère de la précédente que par une seconde fente qui coupe la première en croix.

Elle convient parfaitement pour greffer de vieux arbres, sur lesquels on veut faire produire une nouvelle variété. Elle quadruple la chance de succès et forme plus rapidement une tête. Elle permet aussi de greffer plusieurs variétés sur une même tige.

Toutes les greffes en fente qui précèdent ont besoin d'avoir, après l'opération, toutes les coupes des sujets, ainsi que le sommet des rameaux greffés, recouverts par la cire à greffer. On peut, à défaut, employer la bouse de vache, mais alors il convient d'envelopper le tout d'un linge attaché au-dessous des greffes, appareil que l'on désigne sous le nom de *poupée*.

IX. — *Greffe en fente Ferrari.* (Pl. II, fig. 9.) — Le rameau et le sujet sont d'un diamètre égal. On taille, en bec de haut-bois, le rameau à greffer B ; on fait, au milieu de la coupe du sujet A, une entaille de dimension exacte pour le recevoir ; on l'y insère de façon à ce que les écorces soient en contact partout. Cette greffe est très-convenable pour les jeunes individus d'arbres fruitiers, et pour tous les arbrisseaux à fleurs.

X. — *Greffe anglaise.* (Pl. II, fig. 10.) — On taille la base du rameau A en biseau surmonté d'une dent *a* ; on fait une entaille *b*, pour recevoir cette dent sur la coupe horizontale du sujet B, et une plaie longitudinale sur laquelle on applique le biseau de la greffe ; on réunit ensuite les parties.

XI. — *Greffe anglaise à esquille.* (Pl. II, fig. 11.) — On forme une plaie longitudinale sur le sujet B et une entaille angulaire *b* sur le milieu de la coupe; on taille de la même manière le rameau A en sens inverse, pour que les coupes et entailles se correspondent; puis on unit les deux parties.

Ces deux greffes, dont la dernière est un peu plus difficile mais d'une grande solidité, conviennent à beaucoup d'espèces d'arbres, et réussissent généralement sur ceux dont le bois est très-dur.

XII. — *Greffe en fente triangulaire.* (Pl. II, fig. 12.) — On pratique sur le côté du sujet A, une entaille triangulaire *a;* on taille, en coin de même forme, la base du rameau B, et on l'insère dans l'entaille. On couvre de cire à greffer. Cette greffe convient aux arbres délicats, dont la moelle doit être ménagée, et à ceux dont l'écorce ligneuse a peu de séve.

§ 3. Greffes en couronne.

Ces greffes se placent sur les arbres ou sur les branches, entre l'écorce et l'aubier. Elles conviennent aux sujets dont le diamètre est d'au moins dix centimètres et se font avec des rameaux de la précédente séve.

XIII. — *Greffe par enfourchement.* (Pl. II, fig. 13.) — On coupe la tête du sujet, on taille son sommet en coin allongé A, avec une petite retraite de chaque côté; on taille le rameau B de façon à ce qu'il embrasse exactement le coin du sujet A. On réunit les deux parties. Cette greffe, qui est la contre-partie de la greffe Ferrari, a l'avantage de ne former, comme elle, aucun bourrelet. C représente l'opération achevée.

XIV. — *Greffe en couronne ordinaire.* (Pl. II, fig. 14.) — On coupe à un sujet sa tige ou à une grosse branche son sommet; on détache l'écorce du pourtour avec un coin mince de bois ou avec la spatule du greffoir, comme en *a a a*, et on insère, entre l'aubier et l'écorce, le rameau à greffer B, taillé en bec de flûte avec un cran supérieur. On peut mettre autant de rameaux que le permet la circonférence du sujet A, qui représente la greffe exécutée.

Il y a une variété de cette greffe qui n'en diffère que

parce que l'écorce est incisée longitudinalement à la place où l'on pose chaque rameau. Celle-ci a besoin d'être ligaturée, et l'une et l'autre doivent être garnies de cire à greffer.

XV. — *Greffe en couronne Varin.* (Pl. II, fig. 15.) — Sur l'un des côtés de la coupe horizontale du sujet, on pratique une entaille triangulaire A; puis, en face du milieu de cette entaille, on incise perpendiculairement l'écorce, dont on soulève les bords. On entaille la base de la greffe, en bec de flûte, en pratiquant, au sommet de l'entaille, un cran triangulaire B. On insère la greffe sous l'écorce précisément au point où elle est incisée, et de façon que le cran se place dans l'entaille triangulaire du sujet. On ligature et on couvre de cire à greffer.

§ 4. Greffes de côté.

Ces greffes ne nécessitent pas l'amputation de la tête des sujets. On les pratique sur les côtés de la tige ou des branches ; elles se font à l'époque où les arbres sont bien en séve.

XVI. — *Greffes de côté à incision en* T. (Pl. II, fig. 16.) — On pratique sur la tige une incision horizontale, du milieu de laquelle on en fait partir une autre perpendiculaire; l'une et l'autre incisant l'écorce, dont on soulève les bords avec la spatule du greffoir, forment un T, A, au-dessus duquel on enlève une petite plaque d'écorce arrondie au sommet *a*. On taille le rameau de la greffe en biseau allongé B, et on l'insère dans l'incision du sujet; on ligature et on garnit de cire à greffer. Cette greffe est propre aux arbres résineux, et convient pour remplacer sur tous les arbres les branches manquantes.

XVII. — *Greffe de côté en navette.* (Pl. II, fig. 17.) — On taille, en forme de navette, une portion de sarment munie d'un œil A, et à laquelle on conserve son écorce des deux côtés. On fend, dans sa longueur, la tige ou le cordon d'une vigne B, et on introduit la greffe dans cette fente, dont on bouche les interstices avec de la cire à greffer. Il est inutile de ligaturer, la pression des deux côtés de la fente suffit. Cette greffe est presque exclusivement consacrée à la vigne, soit pour en changer le cépage, soit pour remplacer un cordon ou une branche coursonne.

XVIII. — *Greffe de côté de jeunes branches à fruits.* (Pl. II, fig. 18.) — On lève, avec une portion d'écorce, de très-jeunes branches à fruits, comme B. On pratique, sur les branches du sujet, une incision en forme de T comme en B; puis on y insère l'écusson qui porte les boutons à fleurs et on ligature. Cette greffe a pour objet de faire produire des fruits à de jeunes arbres tardifs, et de garnir de lambourdes les branches dénudées des arbres à fruits à pepins.

§ 5. Greffes par gemmes ou yeux.

Elles sont de deux sortes : les greffes en écusson et les greffes en flûte.

Les greffes en écusson sont les plus employées pour la multiplication des arbres fruitiers; elles sont plus expéditives et n'exigent pas l'amputation préliminaire des sujets.

Elles se composent d'une plaque d'écorce qui affecte la forme d'écusson et sur laquelle se trouve un œil. On les pratique particulièrement sur des sujets d'un à cinq ans, dont l'écorce est mince, lisse et tendre. Pour qu'elles réussissent, il faut que les arbres soient en séve. Aussi les fait-on, le plus généralement, à la fin d'avril et en août. Les rameaux sur lesquels on prend les écussons, sont ceux de la dernière pousse; les yeux qu'ils portent à l'aisselle des feuilles, doivent être bien constitués. Dès que ces rameaux sont séparés de leurs arbres, on en supprime les feuilles, dont on conserve une portion de pétiole, longue d'un centimètre environ. On les enveloppe alors, si l'on ne s'en sert pas immédiatement, d'herbe fraîche et d'un linge mouillé, ce qui peut maintenir leur fraîcheur pendant quelques jours. Pendant la durée de l'opération, on tient ces rameaux dans l'eau d'un vase placé à l'ombre, et on ne les en retire que lorsqu'on a épuisé tous les yeux qu'ils peuvent fournir.

XIX. — *Greffe en écusson à œil poussant.* (Pl. III, fig. I.) — On lève sur un rameau une plaque d'écorce A, conservant, vers le milieu, une petite couche mince d'aubier; cette plaque d'écorce, ou écusson, est garnie d'un œil *a* et de la portion conservée du pétiole *c*, qui sert à le saisir entre le pouce et l'index. C'est ainsi que presque tous les pépiniéristes lèvent leurs écussons. Cependant, il y a une variété de cette greffe, dans laquelle on ôte à l'écusson la petite portion d'aubier qui est restée adhérente à l'écorce. Dans ce cas, la reprise est plus assurée, mais l'opération est plus longue et plus minutieuse, parce qu'il faut surtout veiller à ne pas vider l'œil de son *corculum*, ce qui rendrait la greffe complétement stérile. On a, au même moment, pratiqué sur le sujet une double incision, l'une transversale, l'autre longitudinale et perpendiculaire à la première, ce qui imite la forme d'un T, comme en C. On glisse le greffoir sous les écorces de l'incision longitudinale, en ayant soin de ne pas les déchirer; puis on y insère l'écusson qu'on descend le plus possible entre l'écorce et l'aubier. Dans cette position, on incise, avec la lame du greffoir et au niveau de la coupe horizontale du sujet, toute la portion supérieure de l'écusson qui la dépasse. Celui-ci prend alors la forme représentée par B. Il n'y a plus qu'à ligaturer et à luter de cire à greffer, l'endroit où l'on a coupé la tête du sujet, laquelle s'enlève à 10 ou 12 cent. au-dessus de l'écusson. Cette greffe s'exécute au printemps et pousse immédiatement.

XX. — *Greffe en écusson à œil dormant.* — C'est absolument la même manière d'opérer, excepté que l'écusson se pose vers le mois d'août et ne se développe qu'au printemps suivant. La tête du sujet, au lieu d'être coupée immédiatement après la pose de l'écusson, comme dans la greffe précédente, ne l'est qu'à la fin de l'hiver. Cette greffe est plus assurée et donne de meilleurs résultats que la précédente.

XXI. — *Greffe à double écusson.* — Elle s'effectue aux mêmes époques et de la même manière que les deux précédentes, et s'emploie principalement pour faciliter et avancer la formation de la charpente des jeunes arbres en espalier.

XXII. — *Greffe en écusson carré.* (Pl. III, fig. 2.) — On fait sur le sujet A, deux coupes horizontales *c*, *c*, à 2 cent. de distance : on incise longitudinalement, de l'une à l'autre coupe, et par le milieu, la plaque d'écorce qui se trouve entre elles, et l'on soulève ces deux moitiés avec la spatule du greffoir. On lève un écusson B, qui ne diffère des précédents que par sa forme carrée ; on le coupe de la même dimension que le sujet, et on le place sous les deux portions de son écorce *d d* qu'on rabat par-dessus, après les avoir échancrées pour faire place à l'œil de l'écusson. On ligature et on lute.

XXIII. — *Greffe en placage simple* (Pl. III, fig. 3). — Sur le sujet A on enlève un demi-cylindre de bois long de 2 cent. On forme, en haut et en bas, deux crans obliques comme on le voit en *a*, *a*. On enlève sur l'arbre qu'on veut multiplier un demi-cylindre de bois de la même dimension, dont le haut et le bas sont taillés en biseau B, et on le fait entrer dans les encoches de la plaie du sujet. Unir les deux parties en les présentant de côté et luter sans ligature.

Greffes en flûte. Ces greffes sont plus particulièrement employées à la multiplication des grands arbres fruitiers des vergers, et de quelques arbres à bois dur. Il vaut mieux les pratiquer à l'ascension de la première séve qu'à la descente de la seconde.

XXIV. — *Greffe en anneau* (Pl. III, fig. 4). — On enlève sur l'arbre qu'on veut multiplier un anneau d'écorce A, au moyen de deux incisions circulaires et d'une perpendiculaire au milieu, et à l'aide de la spatule du greffoir. On fait, sur le sujet B, une opération toute semblable ; puis on remplace ce dernier anneau par le premier ; on ligature et on lute avec de la cire à greffer. Si l'arbre que l'on multiplie est précieux, on peut replacer sur sa plaie l'anneau d'écorce pris sur le sujet. Cette greffe se pratique à la séve d'août et à œil dormant. Elle est propre à la multiplication des arbres à bois dur,

XXV. — *Greffe en flûte par amputation de la tête du sujet et du sommet de la greffe* (Pl. III, fig. 5). — On coupe la tête de la tige ou l'extrémité de la branche qu'on veut greffer et on enlève, au-dessous de cette coupe, un anneau d'écorce long de 3 à 8 cent., selon les cas. Le rameau ou la branche qui doit fournir la greffe, est choisi d'un diamètre égal à celui du sujet. On enlève un tuyau d'écorce un peu moins long que le précédent ; on l'ajuste sur le sujet, de façon que sa base coïncide exactement avec son écorce; on réduit en échardes l'aire de la coupe du sujet; on les appuie fortement sur le tuyau, pour l'empêcher de remonter par l'affluence de la séve, et on lute toutes les fissures avec de la cire à greffer. A est le sujet, B est le tuyau d'écorce provenant de la greffe; il est muni de deux yeux, qu'il faut ajuster sur le sujet A. Cette greffe est surtout employée pour les noyers, les châtaigniers, les mûriers et les figuiers.

XXVI. — *Greffe en flûte avec lanières* (Pl. III, fig. 6). — Au lieu d'enlever sur le sujet un tuyau d'écorce, comme dans la greffe précédente, on pratique plusieurs incisions longitudinales et à égale distance; on détache, avec la spatule, et on rabat chacune des lanières que ces incisions ont formées; on prend, sur la greffe, un tuyau d'écorce qu'on ajuste sur le sommet du sujet, et on relève les écorces qu'on ligature au-dessus de lui, en ayant soin que les yeux de la greffe soient placés entre les lanières; ensuite, on lute le sommet de la greffe et toutes les fissures avec de la cire à greffer, dont on a soin de ne pas couvrir les yeux. Cette greffe est destinée principalement à quelques végétaux à bois dur. A, sujet avec les lanières d'écorce rabattues; B, tuyau de la greffe; C, opération terminée.

§ 6. Greffes herbacées.

Elles sont dues à M. le baron de Tshudy. Elles ne peuvent s'effectuer qu'en mai et juin, parce que les feuilles jouent un grand rôle dans les opérations, et qu'il faut que les tiges soient encore herbacées. Elles sont destinées à la multiplication des arbres verts, que jusqu'alors on avait considérés comme très-difficiles à greffer, et de quelques autres arbres à bois très-dur, comme les chênes, les noyers, etc.

XXVII. — *Greffe herbacée des arbres résineux; Greffe des unitiges, Tshudy* (Pl. III, fig. 7). — Lorsque le bourgeon terminal d'un pin, sapin, mélèze, etc., a atteint une longueur de 5 à 8 cent., on le coupe pour en faire une greffe. On enlève la tête du sujet au-dessous du bourgeon de l'année, et on pratique, sur l'aire de cette coupe, une entaille triangulaire assez profonde; on taille en coin la base du rameau herbacé, et on l'insère dans cette entaille; après quoi on ligature, en commençant par le haut, pour ne pas faire remonter la greffe, ce qui pourrait arriver, si l'on commençait à ligaturer par le bas. On a soin de desserrer cette ligature aussitôt que la reprise est assurée, ce qui est indiqué par la végétation de la greffe. On peut se contenter de la maintenir avec de la cire à greffer d'une consistance un peu molle, et de l'entourer d'un morceau de papier formant tuyau. Cette greffe est solide, parce qu'elle se soude par toutes les fibres du bois et de l'écorce. Elle peut s'effectuer sur tous les arbres qui poussent une tige verticale unique. Au lieu d'une entaille triangulaire, on peut fendre en deux l'aire de la coupe d'un sujet, et tailler, en biseau plat et à deux faces, la base du rameau herbacé employé pour greffer; cette dernière méthode est même plus facile et plus prompte. Il faut, autant que possible, que le diamètre de la greffe soit égal à celui du sujet, et dépouiller la base du premier de ses feuilles, en ne lui laissant que le bouquet qui le termine; le sommet du sujet doit n'en conserver que quelques-unes, les plus rapprochées de la coupe, pour appeler la séve dans cette partie; on les supprime dès que la greffe végète. A est le sujet préparé avec une entaille triangulaire; B, le bourgeon herbacé avec sa base taillée en coin; C est la greffe effectuée du sujet qui a été fendu perpendiculairement au milieu de la coupe et dont la greffe est taillée en double biseau.

Les autres greffes herbacées sont plus curieuses qu'utiles; on peut les remplacer par quelques-unes de celles que nous avons décrites, et qui sont d'une exécution plus facile.

TROISIÈME SECTION.

Du marcottage.

Le marcottage est une opération au moyen de laquelle on fait pousser des racines à une branche, ou une tige à des racines. La réussite des marcottes est fondée sur la connaissance acquise que les tiges de la plupart des végétaux contiennent les germes de racines qui n'attendent, pour se développer, que des conditions favorables, et que les racines sont elles-mêmes pourvues de rudiments de bourgeons qui s'élèvent sur leurs parties mises hors de terre.

Le succès des marcottes, faites avec les branches, est beaucoup plus assuré lorsqu'elles sont prises sur des individus jeunes, sains et vigoureux; plus elles sont vives et plus tôt leur reprise a lieu. Il importe donc, selon nous, de prendre de préférence les pousses d'un an, comme plus propres à s'enraciner. Le marcottage doit toujours avoir lieu avant le mouvement ascensionnel de la séve, c'est-à-dire qu'on doit l'opérer plus tôt pour les arbres qui végètent de bonne heure, que pour ceux moins précoces. Dans les espèces dont le bois est mou et spongieux, l'écorce épaisse et criblée de pores, le simple enterrement de la branche, dont on relève l'extrémité qu'on attache à un tuteur, pour lui imprimer une direction verticale, suffit ordinairement à lui faire produire des racines. Dans les espèces à bois dur, quelques autres moyens préparatoires sont indispensables, comme les incisions longitudinales et annulaires, et l'arcure de la branche avant qu'elle touche au sol. La constitution atmosphérique qui suit le marcottage, a aussi une influence plus ou moins favorable. Le froid qui arrête la séve, le hâle produit par un vent desséchant, une chaleur trop vive qui évapore trop rapidement l'humidité, sont des causes d'insuccès. On pare en partie à ces inconvénients, en couvrant la terre où se trouvent les marcottes, avec du fumier, de la petite paille ou des feuilles, et en arrosant au besoin. Il ne faut pas non plus trop se hâter de sevrer les marcottes; il vaut mieux attendre quelque temps de plus, pour être assuré qu'elles sont suffisamment munies de racines. Il est bon, souvent aussi, de n'opérer le sevrage qu'en deux ou trois reprises. On fait, dans ce cas, une première incision, qu'on approfondit quelques jours après, et qu'on achève après l'écoulement d'un intervalle de temps pareil.

Quant aux marcottes de racines, la nature nous en a fourni l'exemple dans les espèces qui produisent des drageons; il n'y a donc qu'à imiter le mieux possible cette divine institutrice.

Marcottage simple (Pl. III, fig. 8). On couche en terre, à 8 centimètres de profondeur, et jamais plus, une branche qu'on fixe dans cette position, par un crochet en bois, et on la recouvre immédiatement de terre. On laisse sortir du sol son sommet, qu'on redresse sans le casser, et qu'on maintient verticalement par un tuteur. La nature fait le reste. Cette marcotte est indiquée par la ligne ponctuée A.

Si la branche, ainsi marcottée, a une longueur suffisante pour être enterrée et ressortir de terre plusieurs fois de suite, afin de former autant de marcottes enracinées, elle prend le nom de *marcotte en serpenteau* (Pl. III, fig. 8) de B en C. Ces deux marcottes conviennent parfaitement à la vigne. On fait aussi avec la vigne, de ces marcottes en panier, qu'on peut, au besoin, transporter au loin avec la motte. Dans nos pépinières, depuis plusieurs années, au lieu de marcotter une seule branche, nous abaissons une branche principale tout entière, que nous couchons à plat dans une petite fosse de 8 cent. de profondeur. A l'aide d'un nombre suffisant de piquets, nous assujettissons sur le sol tous les jeunes rameaux dont elle est pourvue; nous les couvrons d'environ 5 cent. de terre, et nous arrosons quand la végétation commence. Les yeux des rameaux poussent leurs bourgeons verticalement; nous les paillons, quand ils ont une certaine longueur, et, à la fin de l'été, tous ces bourgeons se sont enracinés et sont autant de marcottes. On donne à cette espèce de marcottage, le nom de *marcotte chinoise;* elle est représentée, pl. III, fig. 9.

Marcottes composées; marcotte en butte (Pl. III, fig. 10). On rabat au printemps, à 15 cent. du sol, le tronc d'un arbre encore jeune. Bientôt, au-dessous de cette coupe, apparaissent plusieurs bourgeons adventifs, qui se développent plus ou moins pendant le cours de la végétation. Aux premiers jours du printemps suivant, on entoure l'arbre recepé d'une butte de terre en cône, qui s'élève à 8 cent. au-dessus de la coupe. Les rameaux de l'année précédente ne tardent pas à s'enraciner, et peuvent être sevrés l'année suivante. Quant à l'arbre qui les a fournis, il peut en produire ainsi à plusieurs reprises de deux en deux ans. C'est par ce moyen qu'on obtient des jeunes sujets de cognassier, doucin, paradis, mûrier, etc. Les souches de nos ormes, dits ormes-gras ou de Malines, en reproduisent chaque année et peuvent durer de 20 à 25 ans.

Marcotte par incision; Marcotte par amputation; Marcotte par strangulation; Marcotte par torsion. Toutes ces marcottes se font de la même manière que la marcotte simple, excepté que la branche enterrée reçoit une préparation particulière. Nous avons réuni un exemple de chacune de ces marcottes sur la fig. 11, pl. III.

L'incision se fait de plusieurs manières: 1° *circulairement*, en la pratiquant autour de la branche, par le procédé appelé *incision annulaire*, et en enlevant l'anneau d'écorce qui se trouve entre les deux incisions, A, fig. citée; 2° *en fente simple*, qui consiste à fendre la branche dans le milieu avec un greffoir, et à tenir cette fente ouverte par une petite pierre interposée, B; 3° *à talon*, on coupe transversalement la branche jusqu'à moitié de son diamètre, puis on la fend longitudinalement à partir de là sur une longueur de 15 à 20 cent. Ce talon se trouve placé presque perpendiculairement, lorsqu'on redresse l'extrémité de la marcotte pour la faire sortir de terre, C.

La *Marcotte par amputation* se fait comme celle par incision à talon, excepté qu'on supprime toute la partie qui constitue ce dernier, D, fig. 11.

La *Marcotte par strangulation* s'opère en serrant, par un fil de fer, de laiton ou de lin toute la partie de la branche destinée à être enterrée, E, fig. 11.

Celle *par torsion* consiste à tordre cette même partie, afin d'en désunir les fibres, F, fig. 11.

Tous ces procédés s'emploient pour les espèces d'arbres ou d'arbustes rebelles à la reprise; et ils ont tous pour but d'interrompre le cours normal de la séve, qui vient former, autour de l'obstacle, un bourrelet d'où se développent des racines.

Toutes les marcottes composées peuvent se pratiquer en

l'air, quand il n'est pas possible d'abaisser jusqu'à terre la branche de l'arbre ou de l'arbuste qu'on veut multiplier ainsi. Pour cela, il suffit de fixer, par un moyen quelconque, un pot rempli de terre, à la hauteur de la branche qu'on veut marcotter, et de l'y faire passer après lui avoir fait subir une des préparations indiquées. On fait pour cet usage des pots en deux parties. (Pl. III, fig. 12.)

Marcotte par drageons. On voit très-souvent s'élever des racines traçantes des arbres et arbrisseaux peu recouvertes de terre, des bourgeons qui constituent, à la longue, de nouveaux individus. Quelquefois aussi, ces racines, blessées par un instrument de labour, émettent pareillement des bourgeons. Pour obtenir les mêmes produits, il suffit de découvrir une portion de racines sur laquelle on pratique une légère incision qu'on recouvre légèrement de terre, ou de rechercher, en fouillant, les extrémités des racines, et de les amener hors du sol; elles forment bientôt un bourgeon. Pour activer l'enracinement des drageons spontanés ou résultant de l'opération que nous venons d'indiquer, on peut, au milieu de l'été, en pincer le bourgeon terminal; on ne sèvre ces drageons qu'à la troisième pousse. La fig. 13 présente, en A, des mamelons formés par suite d'une incision faite sur une ramification radiculaire mise à nu, et où se développeront des bourgeons, et en B, une extrémité de racines sortie de terre et tuteurée pour devenir une tige. La ligne ponctuée indique le niveau du sol.

Quand les marcottes sont sevrées, il faut avoir soin, dans la transplantation, de ne pas les enterrer plus profondément qu'elles l'étaient. Si elles avaient deux couronnes de racines, il faudrait supprimer la plus basse, qui est généralement composée des plus faibles. S'il arrivait cependant, mais ce qui doit être extrêmement rare, que la couronne supérieure fût la plus faible, il faudrait la supprimer rez la tige que, dans ce cas, on enterrerait moins.

QUATRIÈME SECTION.

Du bouturage.

Une bouture est une partie vive d'un végétal que l'on sépare complétement de lui, et que l'on place en terre pour reconstituer un individu identiquement semblable à celui sur lequel on l'a prise.

Pour cette opération, comme pour tant d'autres, la nature nous a encore enseigné l'art du bouturage, en nous montrant des branches vertes cassées par les vents et précipitées sur la terre, dans laquelle elles ont pénétré par leur propre poids, prendre racine et pousser des bourgeons; on voit des pieux de clôture, formés par de pareilles branches, accomplir le même phénomène.

Voici dans quelles conditions doivent être faits le choix et la préparation des boutures :

Lorsqu'il s'agit de faire des boutures que l'on destine à recevoir la greffe, on les choisit sur des arbres sauvages; si, au contraire, les boutures doivent reproduire des arbres identiques à ceux sur lesquels elles sont prises, on les choisit sur des francs de pied, ou, au moins, sur des individus greffés sur franc, jeunes, sains et vigoureux. Les rameaux d'un an méritent la préférence, parce qu'ils sont plus riches en séve et en liber qu'à un âge plus avancé. Dans les arbres à bois mou et tendre, cette règle n'est pas de rigueur, et les branches de deux ans réussissent parfaitement.

La coupe inférieure doit être ronde et nette, parce qu'elle se recouvre plus facilement; mais elle est mieux à biseau dans les espèces difficiles à reprendre, par la raison qu'ayant une circonférence plus grande, le liber forme un bourrelet plus étendu et donne un plus grand nombre de racines.

Les yeux qui se trouvent sur la partie à enterrer, doivent être enlevés proprement à la serpette ou à l'ébourgeonnoir, afin qu'ils ne forment pas de racines qui absorberaient une grande portion de la séve descendante, au préjudice de celles qui se seraient formées à la base de la bouture.

On est dans l'habitude de laisser aux boutures deux yeux hors de terre; mais s'ils se développaient tous les deux en bourgeons, il serait prudent de supprimer le plus faible, pour donner aux racines naissantes le temps de se fortifier suffisamment.

Quelle que soit la longueur des boutures, elles ne doivent jamais être enterrées à plus de 25 à 30 cent. dans les terres naturellement humides, ou de 30 à 35 cent. dans les terrains secs et chauds. Cette condition est basée sur la nécessité de ne pas placer le pied de la bouture, où se forme le bourrelet et où doit se trouver le véritable siége des racines, au delà de la couche de terre végétale que peuvent pénétrer les influences atmosphériques. Quant à celles qui n'ont qu'une longueur minime, la proportion la plus habituelle est d'en enterrer les deux tiers. Nous faisons nos boutures peu de temps après la cessation de la seconde séve; nous les couchons en jauge à mesure qu'elles se font, et nous les plantons au mois de mars.

Bouture simple par rameaux. On coupe en février des rameaux de l'année précédente bien aoûtés. On les divise en morceaux longs de 20 à 30 cent., selon qu'ils sont plus ou moins garnis d'yeux, afin qu'il y en ait sur chacun de 4 à 6. On a soin que la coupe inférieure vienne immédiatement au-dessous d'un nœud. Ces morceaux rassemblés, par espèce, en petites bottes, sont enterrés, dans du sable frais et à l'abri du grand vent et de la gelée, jusqu'au quart de leur longueur, afin de les conserver jusqu'au moment de s'en servir. A la fin de mars ou dans les premiers jours d'avril, on les plante au plantoir, le gros bout en bas. On paille immédiatement et l'on arrose. On laisse deux yeux hors de terre.

Bouture par plançon. Elle est principalement en usage pour multiplier les arbres qui se plaisent dans les situations humides ou marécageuses, comme les saules, quelques peupliers, etc. On coupe des branches de 1 à 3 mètres dont on affile le gros bout selon la grosseur, et que l'on émonde de ses bourgeons, excepté le sommet qu'on laisse intact; on les plante dans un trou fait avec un fort pieu pointu en remplissant ensuite le trou avec de la terre, qu'on foule à l'entour pour lui donner de la solidité; s'il en est besoin, on ajoute un tuteur. Ces branches peuvent avoir trois ou quatre ans.

Bouture par rameaux avec talon. Au lieu de couper, comme pour la bouture simple, les rameaux à plus ou moins de longueur de leur insertion, on les coupe, rez la branche, avec la couronne ou empâtement qui leur sert de base, et qui, contenant un certain nombre d'yeux, favorise le développement des racines et constitue un bourrelet tout formé. Il convient de bouturer ainsi les essences qui se reproduisent difficilement par la bouture simple, comme le platane, le peuplier de la Caroline, le cognassier, etc. Il faut se garder d'éclater ces rameaux pour obtenir le talon que l'on désire, parce que cette méthode est nuisible aux branches mères, et l'on ne doit se le permettre que lorsque ces dernières peuvent être supprimées.

Bouture à bois de deux ans ou crossette. Cette méthode de bouturage s'applique plus particulièrement à la vigne. On choisit des sarments de la dernière pousse à la base desquels on laisse une portion du bois de l'année antérieure. Ces boutures, dont la longueur varie entre 50 cent. et 1 mètre 50, ne peuvent, pour la plupart, être plantées debout; c'est pourquoi on les couche sur leur longueur dans une rigole de 10 à 16 cent. de profondeur. Préalablement on les taille, pour qu'il ne reste à leur base qu'un talon de 5 cent. environ; et lorsqu'elles sont plantées, on taille, sur deux yeux seulement, l'extrémité qui sort de terre.

Bouture avec bourrelet. Lorsque les arbres donnent des boutures rebelles à la reprise, on pratique, au mois de juin de l'année qui précède celle où l'on veut faire les boutures, une incision annulaire sur les branches qui ont cette destination, ou bien on les ligature avec un fil de fer ou de laiton. L'une et l'autre de ces opérations doivent être faites immédiatement au-dessous d'un œil. A la fin de l'automne on coupe ces branches, ainsi préparées, à quelques centimètres au-dessous du bourrelet qu'elles ont produit, et on les enterre provisoirement jusqu'au-dessus de lui, afin de l'attendrir. Au printemps suivant, on les retire de la jauge, on coupe la partie inférieure rez du bourrelet, on plante la bouture et l'on taille, sur deux yeux hors terre, sa partie supérieure.

Boutures de racines. Lorsque, par une cause quelconque, on dispose de fragments de racines, on les divise par tronçons longs de 5 à 8 cent. et on les plante en terre, le gros bout en haut et dépassant à peine le niveau du sol. La partie supérieure développe des bourgeons et l'inférieure produit des racines. Le *vernis du Japon*, le *maclura*, le *paulownia imperialis*, les *sumacs*, se multiplient parfaitement par ce procédé, qui peut trouver un grand nombre d'applications.

DEUXIÈME PARTIE.

DE LA TAILLE DES ARBRES FRUITIERS.

CHAPITRE PREMIER.

DES OPÉRATIONS PRATIQUES QUI CONSTITUENT LA TAILLE OU LA SECONDENT.

PREMIÈRE SECTION.

Considérations générales sur la taille.

Dès qu'on s'est occupé de culture, on a reconnu qu'un arbre mis en place et abandonné à la nature prenait un développement irrégulier, hors de proportion avec le rôle qu'on lui assignait, et que la séve, qui se porte toujours vers les sommités, les prolongeait sans mesure et sans uniformité, et désertait les parties inférieures qui, se dénudant en peu de temps, devenaient incapables d'émettre des productions avec lesquelles on pût les rajeunir. Outre l'aspect désagréable d'un tel arbre, quelques-unes de ses parties succombaient bientôt par la retraite de la séve, absorbée par des branches gourmandes incapables de porter fruit à cause de leur excessive vigueur. Ce sujet, éprouvant ainsi un trouble considérable dans son économie générale et surtout dans la végétation de ses racines, sollicitées inégalement, périssait à son tour.

On sentit la nécessité de remédier à un pareil désordre; dès lors on chercha les moyens d'y parvenir, et ce fut en étudiant le mode de végétation de chaque espèce qu'on apprit à la conduire aussi utilement qu'agréablement, en tirant tout le parti convenable de ses dispositions naturelles. Telle fut l'origine de la taille; mais ses progrès furent lents, parce qu'ils dépendaient de l'expérience pratique qui, en culture, exige toujours beaucoup de temps.

C'est principalement depuis le commencement de ce siècle que les perfectionnements les plus importants se sont accomplis dans l'arboriculture fruitière, et nous devons reconnaître que nos voisins, les Français, y ont eu la plus grande part. Aussi est-ce en appliquant à notre sol et à notre climat les principes incontestés de leurs meilleurs tailleurs d'arbres, et après en avoir reconnu les avantages, que nous venons avec confiance les communiquer à nos compatriotes, et chercher à les populariser dans notre Belgique, où la culture des arbres fruitiers tient une si grande place, et où l'intelligence de nos cultivateurs en aura bientôt fait les applications les plus utiles.

La taille a donc pour but de soumettre les arbres fruitiers à une forme qu'on a arrêtée d'avance et qui ne contrarie pas leurs dispositions naturelles; de s'opposer, par les moyens qu'elle a imaginés, à toute végétation irrégulière qui romprait l'harmonie de cette forme et l'équilibre des forces de ses diverses parties, dans lesquelles la séve doit circuler avec une égale affluence; de hâter et d'entretenir la production des fruits dans de justes limites; et enfin, tout en agissant ainsi, de ne nuire que le moins possible à leur longévité. C'est principalement en donnant à la croissance des arbres, pendant leurs premières années, un développement progressif et calculé de manière à organiser vigoureusement les parties qui constituent leur base, afin qu'elles puissent résister longtemps à la fougue des parties supérieures qui se formeront successivement, qu'on atteint plus sûrement le but. Il est donc de la plus grande importance de veiller avec sollicitude à la formation des jeunes sujets, car les premières opérations qu'ils reçoivent ont la plus grande influence sur les résultats ultérieurs.

La première idée qui vint aux anciens tailleurs d'arbres

pour maintenir leurs sujets dans les limites qu'ils désiraient, fut de couper, à quelque époque de l'année qu'ils se trouvassent, les branches ou rameaux qui paraissaient nuire à l'ensemble, car l'action de la serpette fut le premier moyen employé ; mais ils reconnurent bientôt que ces amputations, faites en pleine végétation, produisaient des effets désastreux ; et l'expérience leur ayant démontré que les pousses de l'année employaient toute la belle saison à préparer les yeux et les boutons, espoir de la végétation suivante, ils comprirent la nécessité d'attendre le complet *aoûtement* de ces nouvelles productions avant de rien couper, parce qu'il leur permettait de mieux en apprécier les caractères et l'état relatif.

Il fut donc admis que la taille proprement dite ne pouvait avoir lieu qu'après que la végétation serait complétement suspendue. De là, le nom de *taille d'hiver* qu'elle a reçu. On pourrait donc tailler dès le mois de décembre, en pensant surtout que les sommités des rameaux, étant moins aoûtées que ses parties descendantes, sont plus susceptibles d'être frappées par la gelée, et qu'il y aurait moins de danger de ce côté pour les portions conservées. Mais l'expérience, ce guide devant qui tout se tait, a prouvé que la cicatrisation des plaies ne s'opérait bien que lorsqu'elles étaient faites dans le temps le plus voisin de l'ascension de la séve; que, lorsqu'elles en étaient trop éloignées, les onglets, quelque longs qu'on les maintînt, avaient le temps d'être désorganisés par les intempéries alternatives, et que cette mortalité pouvait descendre jusqu'à l'œil sur lequel la coupe était assise. Ce grave inconvénient, qui obligeait souvent à de nouvelles coupes inférieures, au moment où la végétation venait le rendre évident, a démontré la nécessité de retarder davantage l'époque de la taille.

Sous notre climat, où de funestes gelées tardives sont si fréquentes, ce n'est pas à une date fixe qu'il faut tailler. Cette opération doit se faire le plus près possible du moment où la séve va prendre son essor vers les yeux; ce qui dépend, par conséquent, de l'arrivée plus ou moins prompte du printemps.

On sait qu'avant que la séve montre son influence à l'extérieur, en écartant les écailles des yeux et des boutons, elle fait un mouvement ascendant occulte, qui la rapproche des sommités des rameaux. Comme c'ést généralement par les yeux terminaux qu'elle manifeste d'abord sa présence, si l'on raccourcit ces rameaux, débarrassée qu'elle est du soin d'alimenter les portions supprimées, elle afflue davantage sur les autres, et la végétation commence plus tôt. Dans notre pays, on doit la retarder autant que possible.

Mais en conseillant, pour les arbres qui se trouvent dans un état normal et satisfaisant de vigueur et de production, de rapprocher le moment de la taille de celui de l'ascension de la séve, nous insisterons aussi sur la nécessité de ne pas attendre que les bourgeons ou les fleurs se soient développés, parce que la grande déperdition de séve qui s'opère alors, est une cause d'affaiblissement, qu'il ne faut pas faire subir à des sujets qui se trouvent n'en avoir aucun besoin. De cette recommandation découle une induction dont on tire parti dans la circonstance que nous allons indiquer. Si des arbres jeunes ou vigoureux montrent une exubérance de forces, qui retarde toujours la production des fruits, on peut mettre à profit cet affaiblissement qui résulte d'une taille tardive faite après l'épanouissement des bourgeons, pour diminuer cet excès de forces inutiles, et arriver plus tôt à la fructification.

DEUXIÈME SECTION.

De la taille proprement dite.

La taille proprement dite consiste simplement dans la coupe du bois quel qu'il soit. Cette coupe se fait, soit avec la serpette, soit avec le sécateur. Les grosses amputations se font avec la scie à main, mais l'aire de cette coupe doit surtout être unie avec la serpette. Toutes les plaies un peu grandes méritent d'être couvertes de cire à greffer, pour les garantir de l'infiltration de l'eau qui peut produire des chancres.

L'usage de la serpette est le plus répandu en Belgique; et c'est cet instrument que préfèrent les meilleurs tailleurs d'arbres. Le sécateur, plus généralement employé en France, permet d'aller plus vite, et peut être utilement employé pour couper les jeunes rameaux des arbres et des arbustes dont la grosseur n'excède pas celle d'une plume à écrire. On lui reproche avec raison d'écraser le bois et de déchirer l'écorce qui borde la coupe; mais cet inconvénient n'est bien sensible que pour les rameaux qui excèdent le volume que nous venons d'indiquer. Ainsi, cet instrument convient assez à la taille de la vigne, des groseilliers, des framboisiers, etc., et des petits rameaux de tous les autres arbres fruitiers. Toute l'attention qu'il faut avoir, c'est d'éloigner davantage la coupe de l'œil sur lequel on l'établit.

La taille a lieu le plus généralement sur des rameaux de l'année; elle a pour but de concentrer la séve dans un espace plus restreint, afin qu'elle puisse convenablement entretenir les nouvelles productions dont il va se garnir. Si on les laissait dans la longueur naturelle, il arriverait le plus souvent que les yeux de la base s'éteindraient, et que l'arbre finirait par offrir de nombreuses places dénudées. Cependant, quelques rameaux faibles doivent être conservés entiers. Ainsi, indépendamment de la position de l'œil et de l'état du rameau, relatif à l'équilibre de la végétation, nous disons que la coupe d'un rameau doit toujours être faite sur une longueur assez bien calculée, pour que les yeux et les boutons conservés puissent remplir les fonctions qui leur sont assignées. Si l'on taillait trop long, les yeux de la base pourraient s'éteindre; si l'on taillait trop court, les bourgeons pourraient ouvrir des faux bourgeons. Aujourd'hui qu'on devient savant sur la taille, on s'oppose au premier inconvénient par le pincement, plus ou moins sévère, du bourgeon de pousse produit par l'œil que la taille a rendu terminal, et, selon le besoin, d'un ou deux de ceux qui le suivent immédiatement. Dans le second cas, on arrête les faux bourgeons par le pincement ou par l'ébourgeonnement.

Lorsque, par une raison que nous aurons l'occasion d'expliquer plus loin, on est obligé de retrancher le rameau de l'année, et de descendre la coupe sur du bois de deux ans, on dit qu'on *rapproche* la taille. Quand on démonte une ou plusieurs branches en conservant la tige ou les branches mères, selon la forme qu'a l'arbre sur lequel on opère, on dit qu'on fait un *ravalement*. Enfin, la coupe par laquelle on supprime l'arbre tout entier, à quelques centimètres au-dessus de la greffe, s'appelle un *recepage*. Nous répétons que, dans tous les cas, les coupes doivent être parfaitement nettes.

Dans la taille ordinaire, plus le bois est dur, plus la coupe doit être rapprochée de l'œil qu'elle doit rendre terminal; il en est de même, lorsqu'on taille de bonne heure. Mais, quand on tient compte du conseil que nous avons donné, et qu'on opère tout près du moment où la séve monte au bourgeon, il suffit de laisser 3 mill. d'onglet au-dessus de l'œil pour les poiriers, pommiers, pêchers, etc.; 6 mill., pour la vigne et les autres sujets à bois mou. Au reste, la longueur laissée à l'onglet n'a aucune influence sur le développement de l'œil, si ce n'est qu'il lui fait prendre une direction plus éloignée de sa base; ce qui est un défaut pour les bourgeons de prolongement, parce qu'il en résulte un coude plus désagréable. Il ne faut pas cependant, pour éviter cet inconvénient, rapprocher trop la coupe de l'œil, parce qu'on courrait le risque de l'*éventer*, ce qui peut nuire à son développement. C'est un moyen conseillé par quelques auteurs, pour affaiblir la pousse future ; mais, comme c'est une opération délicate, et dont on ne peut pas calculer l'effet positif, nous pensons qu'il est préférable de ne pas l'employer, et qu'il vaut mieux, s'il est besoin de diminuer la vigueur du bourgeon, agir sur lui-même par le pincement ou par d'autres moyens dont nous parlerons.

Enfin, la coupe doit toujours être faite en biseau dont le sommet se trouve précisément au-dessus de l'œil. Cette inclinaison a pour but d'éloigner de l'œil le fluide séveux, s'il y avait épanchement, et l'eau de la pluie qui pourrait l'altérer, par une persistance trop longue. L'effet de la coupe sur l'œil, en le substituant à celui qui terminait naturellement le rameau, est de lui donner l'avantage de cette position, qui est la plus favorisée de l'affluence de la séve. La fig. 1re, pl. IV, donne un exemple de cette coupe.

TROISIÈME SECTION.

Des opérations qui se font en même temps que la taille d'hiver.

Pour compléter ou modifier les effets de la taille proprement dite, quelques opérations lui sont adjointes ; nous allons les examiner.

§ 1. De l'éborgnage.

Ce mot suffit à sa définition. On comprend de suite qu'il s'agit de la suppression d'yeux jugés inutiles ou nuisibles, et tel est, en effet, son but. On fait tomber avec le doigt les yeux surabondants qui pourraient contrarier les résultats qu'on attend, ou au moins qui paraissent devoir consommer en pure perte une séve dont il faut d'autant plus être avare, qu'on sait mieux la distribuer avec égalité dans toutes les parties d'un sujet. Mais pour faire de telles suppressions avec certitude, il faut une grande habitude, et surtout une connaissance approfondie des divers caractères que prennent les yeux ; indépendamment de cette difficulté, il faut encore compter avec les intempéries et avec les insectes, dont le ravage interne ne se manifeste souvent que par la chute du bourgeon au moment où il prend son essor.

Tant de causes d'hésitation nous font insister pour que l'éborgnage ne soit pratiqué, en Belgique, que lorsque l'évidence de sa nécessité ne peut laisser aucun doute ; et ce qui nous engage encore à donner ce conseil, c'est qu'il n'y a aucun péril à maintenir ces yeux jusqu'à leur conversion en bourgeons, parce qu'alors on peut supprimer ceux-ci avec parfaite connaissance de cause, et sans faire supporter au sujet une trop grande perte de séve, en ne leur laissant prendre qu'une longueur d'un à deux centimètres.

§ 2. Du palissage en sec.

Cette opération ne s'applique qu'aux arbres formés en espalier ou en contre-espalier, et elle suit immédiatement la taille. Elle consiste à fixer à leur place respective, et dans l'ordre qui convient à la forme adoptée, toutes les branches conservées sur l'arbre taillé. Le palissage se fait sur le mur nu ou garni d'un treillage en bois ou en fil de fer. Les moyens d'attache, dans le premier cas, sont des chiffons de laine coupés en bandes, qui embrassent la branche sans la serrer, et dont les deux bouts sont fixés au mur par un clou. Les osiers et les joncs servent à lier les branches sur le treillage : les premiers assujettissent les plus grosses ; les seconds, les faibles.

Un arbre bien palissé doit avoir toutes les branches charpentières suffisamment assujetties sans être forcées, et cependant maintenues dans une ligne droite plus ou moins verticale, selon leur position et leur âge. Il importe de prendre ce soin à leur égard, parce qu'elles croissent alors très-droit ; il faut de plus observer dans chaque aile une disposition exactement parallèle. Quant aux branches à fruits, on les palisse, en leur faisant former, avec la branche de charpente, un angle plus ou moins fermé dont l'ouverture regarde le sommet de cette dernière. Dans cet état, l'ensemble d'une branche simule la principale arête d'un poisson.

Le palissage offre un moyen d'aider au rétablissement de l'équilibre de la végétation, lorsqu'il est rompu entre les deux ailes, ou entre deux branches parallèles. Il suffit, pour cela, de palisser, aussi horizontalement que possible, l'aile ou la branche la plus forte, tandis qu'on redresse presque verticalement les plus faibles En assujettissant les premières par un palissage serré, et en laissant les secondes en liberté, ou au moins, en leur donnant une grande aisance dans leurs liens, on obtient un effet analogue. Le premier moyen est préférable, quand on a à craindre les gelées tardives, parce que les branches serrées au mur sont garanties par l'abri du chaperon ou d'un auvent ; son effet est fondé sur la disposition qu'a la séve à se porter de préférence sur les parties vers lesquelles le passage est le plus direct, et sur les obstacles que la partie inclinée oppose à sa circulation. Le second moyen est basé sur l'influence favorable de l'air et de la lumière dont jouit la partie laissée en liberté, et, par conséquent, plus éloignée du mur, et sur l'aisance que lui donne le relâchement de ses liens. On peut encore, dans un cas semblable, porter à 10 ou 20 cent. du mur la partie faible, et la palisser sur un treillage provisoire approprié à ce besoin. Il est bien entendu que ces moyens doivent seconder les prévisions de la taille, et concourir à leur résultat.

§ 3. Des incisions de l'écorce.

Lorsqu'en taillant un arbre, on s'aperçoit qu'une branche conservée a l'écorce desséchée et contractée, ce qui dénote un état de souffrance qui résulte du défaut d'affluence de la séve, on peut essayer de l'y rappeler en faisant des incisions longitudinales avec la pointe de la serpette. Elles doivent entamer les couches corticales jusques et y compris le liber, et être répétées autant qu'on le juge à propos, en laissant toutefois, entre elles, un intervalle, de 5 à 6 mill. Il est bien entendu que ces incisions doivent s'arrêter avant les yeux, les boutons et les empâtements des rameaux ou des branches, et se continuer après. La séve se porte généralement, avec une grande activité, vers toutes les plaies de l'écorce pour les cicatriser ; elle imbibe en même temps les portions conservées, et rend la vie et l'élasticité convenable à cette enveloppe importante.

On pratique aussi des incisions horizontales embrassant toute la circonférence ou seulement une portion de la branche ou de la tige.

Les incisions circulaires prennent le nom d'*incisions annulaires*, quand il s'agit d'enlever un anneau d'écorce plus ou moins large, selon que l'on veut produire un effet plus ou moins grand. Pour cela, on trace avec la serpette, deux incisions parallèles et transversales, et on enlève la bande d'écorce qui se trouve entre elles deux. Quand on emploie ce moyen sur de très-petites branches, on peut faire usage d'un instrument fait exprès, et qui est connu sous le nom d'*inciseur annulaire*.

L'effet des incisions annulaires est de ralentir la végétation des parties placées au-dessus d'elles, et d'activer, au contraire, celle de toute la partie qui lui est inférieure.

On a donc conseillé l'incision annulaire comme un moyen d'amener plus tôt à fruits des arbres rebelles, et de rétablir l'équilibre des forces dans les différentes parties d'un sujet, dont quelques-unes acquièrent une supériorité trop marquée sur les autres. Seulement, dans ce dernier cas, le résultat est moins assuré que par les incisions horizontales partielles. Cependant, en faisant sur la tige d'une pyramide, par exemple, une incision annulaire au-dessus d'une place dénudée, on est sûr de voir, au-dessous d'elle, surgir des bourgeons que fournissent des yeux latents ou adventifs. Ainsi, pour mater la trop vigoureuse végétation d'une pyramide, on fait à sa base, entre la greffe et le premier rang de branches, une forte incision annulaire qui provoque, sur les parties supérieures, l'apparition de brindilles et de lambourdes. Quand on emploie ce moyen, il ne faut pas en pratiquer plus d'une dans la même année.

Cette opération, au reste, exige une grande habitude, et l'on doit préférer généralement l'emploi des incisions partielles ; elles se font de la même manière, excepté qu'elles n'embrassent qu'une portion de la circonférence. Ainsi, supposons qu'une branche ou un rameau ait pris une vigueur trop grande, on la diminuera sensiblement, en faisant au-dessous de leur empâtement ou talon, une incision qui forcera la séve à passer à droite et à gauche, et à n'arriver à la partie qu'on veut affaiblir qu'après la complète cicatrisation de l'écorce. Si, au contraire, on a besoin de favoriser le développement un peu languissant d'une branche ou d'un rameau, on fait la même incision au-dessus de leur insertion, et la séve, arrêtée dans sa marche, se porte dans ces parties appauvries qui lui offrent un accès ouvert. A l'aide de pareilles opérations, faites au-dessus d'un œil près de s'éteindre, d'une nodosité ou d'une protubérance quelconque sur une tige ou sur une branche, on revivifie l'œil éteint, ou l'on provoque l'émission d'yeux latents ou adventifs. Suivant qu'on veut produire une action plus vive, on fait deux incisions parallèles avec enlèvement de l'écorce intermédiaire, ou une seule qui pénètre jusqu'à l'aubier.

Il est certain qu'une incision annulaire, faite au-dessous d'une branche à fruits, augmente le volume des fruits et hâte leur maturité. Mais on ne s'en sert guère que pour la vigne qu'elle a, dit-on, mais bien à tort, le pouvoir de soustraire à la *coulure*. Celle-ci dépendant plus particulièrement de la pluie et du vent qui ont lieu pendant la floraison, ne peut être évitée par ce procédé.

Il n'y a aucun inconvénient à faire plusieurs incisions partielles à la fois sur le même individu ; on peut même en faire pendant la végétation, mais jamais au delà des premiers jours de juin, parce qu'il est essentiel que la cicatrisation puisse être complète au mois de septembre.

§ 4. Des entailles.

Les entailles diffèrent des incisions horizontales partielles, parce qu'au lieu de ne couper que l'écorce, elles entament l'aubier; on les fait avec la serpette un peu obliquement, et l'on force doucement avec la lame, de façon à écarter les bords de l'entaille. Fondées sur les mêmes principes que les incisions, elles en ont les effets, mais avec une plus grande énergie. On les emploie exclusivement sur les tiges et les grosses branches, mais jamais sur les arbres à fruits à noyau.

Ces derniers peuvent supporter, sans danger, toutes les sortes d'incisions ; cependant, nous devons recommander une plus grande circonspection à leur égard.

§ 5. De l'arcure.

L'arcure est une opération par laquelle, en faisant décrire un demi-cercle à une branche, ce qui entrave la circulation de la séve, qui tend toujours à se porter directement vers les sommités, on lui fait produire des brindilles et des lambourdes, ou des rameaux à fruits. Pour que l'arcure produise son effet, il faut que l'extrémité supérieure de la branche soit inclinée vers la terre, et plus bas que la partie la plus élevée de la courbe. L'arcure a donc pour but principal de mettre à fruits des arbres vigoureux. Elle s'emploie plus particulièrement sur les poiriers, et alors on casse une portion du sommet de la branche arquée. Il est bien entendu qu'après avoir courbé une branche, il faut la fixer dans cette position au moyen d'un osier.

L'arcure des branches et des rameaux qu'on veut courber pour les mettre à fruits, se fait en même temps que la taille d'hiver. Mais on peut encore, dans le cours de la végétation, arquer les bourgeons; ce qui fait gagner un an. L'arcure des bourgeons exige quelques précautions pour ne pas rompre ces productions délicates, dont on pince aussi le sommet.

Toutefois, nous dirons que ce moyen, qui donne à l'arbre un aspect désagréable, ne doit être employé que faute de mieux, et avec quelques précautions. Ainsi, sur une pyramide de 4 ou 5 ans, il ne faut pas arquer plus de deux rameaux, et 5 ou 6, sur un arbre de 8 ou 9 ans. Enfin, lorsque la fructification s'opère par les moyens ordinaires, on supprime, sur leur empâtement, les branches précédemment arquées, pour obtenir de leurs sous-yeux les productions dont on a besoin alors.

On tire encore un autre parti de cette opération : c'est d'obtenir, par son secours, un bourgeon nécessaire sur un point donné. En courbant un rameau de façon que le point le plus élevé de l'arc qu'on lui fait former soit précisément celui où l'on désire une nouvelle production, on est certain de l'obtenir par l'affluence de la séve, qui cherche à s'ouvrir un passage sur cette partie culminante. On retire le même résultat de la courbure d'un bourgeon. On trouve dans la conduite des arbres fruitiers de tous genres, de fréquentes applications de ce moyen.

QUATRIÈME SECTION.

Des opérations qui se font pendant la végétation.

§ 1. De l'ébourgeonnement.

Ébourgeonner, c'est supprimer entièrement un bourgeon. On retranche les bourgeons inutiles ou surabondants qui consommeraient, en pure perte, une séve nécessaire à en fortifier d'autres indispensables. C'est à l'ébourgeonnement que nous avons dit qu'il fallait donner la préférence sur l'éborgnage. C'est, qu'en effet, les deux opérations ont le même résultat, et qu'elles ne diffèrent uniquement que par l'époque où on les pratique; seulement l'ébourgeonnement agissant sur des yeux épanouis, offre une plus grande certitude de succès.

Il y a une très-grande différence entre la suppression de bourgeons longs d'un à trois centimètres, et celles de bourgeons qui ont un plus grand développement. Dans le premier cas, on les fait tomber avec le doigt, et le sujet n'en éprouve aucun malaise; dans le second, l'effet est d'autant plus senti que leur croissance est plus grande. On comprend aussitôt, qu'il faut se garder de laisser les bourgeons inutiles prendre un certain volume, et qu'on ne porte aucune perturbation dans un arbre, lorsqu'on ne donne aux yeux que le temps de se convertir en bourgeons capables d'être appréciés. L'art de bien ébourgeonner consiste donc à opérer dès le premier mouvement de la séve; car, lorsque les bourgeons ont plus de 3 centimètres de longueur, c'est qu'il ne doit plus, parmi eux, y en avoir d'inutiles, à moins qu'il ne s'en trouve qui aient échappé à l'attention de l'horticulteur.

Ce que nous venons de dire s'applique plus particulièrement aux arbres à fruits à noyau; car, sur les arbres à fruits à pepins, l'ébourgeonnement est bien plus négligé, et souvent totalement oublié. Il est vrai, qu'en revanche, l'éborgnage est plus pratiqué.

Ainsi, pour nous, tout ébourgeonnement d'un bourgeon

bien développé, est une véritable taille en vert pour les arbres à fruits à noyau, et une taille en vert ou un cassement pour les autres.

Toutefois, les principes généraux que nous venons de poser, peuvent admettre des exceptions qui ont pour motif la nécessité de conserver sur une branche un plus grand nombre de bourgeons, jusqu'au moment du palissage, où ils deviennent gênants. Cette conservation a pour but de renforcer la branche, et ces bourgeons maintenus sont plus tard pincés ou taillés en vert.

Il faut généralement ne pas laisser plusieurs bourgeons ayant une insertion commune; ce qui se voit ordinairement sur les pêchers, à cause de leurs yeux triples. Dans cette circonstance, on conseille de conserver le plus faible dans les dessus et dans toutes les positions favorisées par l'affluence de la séve, et le plus fort, dans les positions opposées. Mais si l'on suit notre conseil d'ébourgeonner de bonne heure, il peut se faire que le bourgeon, conservé seul à une place où il en faut un absolument, vienne à périr, et qu'alors cette place reste dénudée. En pareil cas, il est plus prudent d'en conserver deux, sauf à agir ultérieurement, par d'autres moyens, sur celui qui sera de trop, si tous les deux se conservent. C'est surtout à l'égard du pêcher qu'il faut se conduire de cette manière; car, pour les arbres à fruits à pepins, il est toujours plus facile de reproduire du bois.

En résumé, l'ébourgeonnement ne doit se pratiquer que sur les bourgeons *évidemment* inutiles, et alors il est tout à fait raisonnable de ne pas attendre qu'ils dépassent une longueur de trois centimètres. Il ne faut jamais ébourgeonner les faux bourgeons; car si, à la taille suivante, on utilisait le bourgeon en le coupant au-dessus d'un faux bourgeon supprimé, il en résulterait un vide.

§ 2. Du palissage en vert.

Cette opération a lieu uniquement pour les arbres conduits en espalier et en contre-espalier. Elle a pour but d'attacher dans un ordre symétrique, sur les murs et les treillages en bois ou en fil de fer, les bourgeons à mesure de leur développement successif. Le palissage en vert commence dès qu'il y a des bourgeons assez forts pour être attachés, et se continue jusqu'au moment où la végétation a perdu toute son activité.

Il est bon, avant de commencer le palissage en vert, de jeter un coup d'œil sur le palissage qui a été fait en sec, et d'en rectifier les défauts, s'il en a, en tenant compte aussi des ressources qu'il présente pour rétablir l'équilibre rompu, ressources que nous avons fait connaître précédemment.

Lorsque la végétation d'un arbre est régulière, le palissage en vert offre peu de difficultés. Il s'agit d'attacher les bourgeons sans confusion et sans croisement, en les rapprochant autant que possible de la branche à laquelle ils appartiennent, afin que leur feuillage porte sur son arête une ombre protectrice. Tous les bourgeons doivent être attachés de façon à ce que les extrémités restent libres pour que la séve y arrive plus facilement. On n'attache point les bourgeons trop herbacés.

Le palissage en vert offre, pour maintenir ou rétablir l'équilibre, des ressources analogues à celles que présente le palissage en sec. Leur effet, fondé sur la gêne qu'on impose aux bourgeons, et sur l'aisance ou même la liberté qu'on leur laisse, ralentit leur croissance dans le premier cas et l'active dans le second. C'est pourquoi l'on doit toujours commencer par palisser les bourgeons de toutes les parties supérieures d'un arbre, c'est-à-dire les dessus des branches, et ne s'occuper du palissage de tous ceux qui se trouvent en dessous, que plus ou moins de jours après, selon le besoin. On peut prolonger encore ce temps de liberté pour les plus faibles, et ramener ainsi une sorte d'uniformité dans le développement de toutes ces productions.

Lorsque, surtout dans les pêchers, une branche à fruits est dépourvue, à sa base, d'un œil indispensable à la production du bourgeon de remplacement, on peut espérer de lui en faire émettre un, en la gênant dans ses attaches, au point que son talon soit serré de façon à tendre ses fibres sans les rompre cependant. On obtient encore le même résultat, et peut-être plus sûrement, en imprimant à ce talon une demi-torsion et en fixant solidement la branche dans cette position.

Il se présente parfois, quand on palisse en vert, des bourgeons bons à conserver, et pour lesquels on trouve difficilement de la place. On peut les attacher lâchement avec un jonc sur le corps même de la branche charpentière dont ils dépendent, et que leur feuillage concourra à garantir du soleil. Ce moyen est encore préférable pour les bourgeons destinés au remplacement, et vaut mieux que de les palisser derrière d'autres plus forts qu'eux, où le manque d'air leur fait perdre les feuilles de leur base. On peut encore laisser ces derniers en liberté jusqu'à ce qu'ils deviennent trop volumineux. Nous ferons remarquer qu'il importe que les feuilles de la base de ces bourgeons ne tombent pas, car les yeux qui leur survivent sont toujours à bois. Il en résulte que les boutons à fleur se forment plus haut, inconvénient dont nous parlerons plus loin.

Il arrive souvent qu'on supprime au palissage, des bourgeons qui se sont développés sur le devant des branches, tandis qu'il serait possible de les utiliser pour remplir un vide du dessus ou du dessous de la branche. Dans un cas pareil on laisse croître le bourgeon qui paraîtrait utile jusqu'à la longueur de 30 à 35 centimètres, et on le palisse alors dans la direction qu'il doit prendre, avec l'attention de placer une attache le plus près possible de son insertion, afin qu'en la serrant on parvienne à dissimuler, autant que faire se peut, le coude qu'il pourrait former.

A l'époque où l'on palisse, on pince et on taille en vert; mais ces opérations fort importantes doivent aussi être faites partiellement. Il ne faut point imiter en cela la conduite de ces jardiniers et même des cultivateurs de Montreuil qui, pressés par le temps, palissent, pincent, ébourgeonnent et taillent en vert un pêcher dans le même moment. Il en résulte un trouble général dans l'économie de l'arbre : la séve reste stationnaire pendant quelques jours; et s'il survient de fortes chaleurs, ce qui n'est pas rare au mois de juin, époque qu'ils choisissent pour cela, les fruits tombent, et quelquefois un état de langueur s'empare du pêcher, qui finit, sinon par succomber, au moins par perdre une ou plusieurs branches secondaires. Si l'on en était réduit à traiter un arbre de cette manière, on rendrait le mal moins grand, en lui donnant, le même jour, après le coucher du soleil, une mouillure avec une pompe à main.

§ 3. Du pincement.

De toutes les pratiques complémentaires de la taille, le pincement est celle qui a la plus grande influence sur la parfaite régularité des arbres. En effet, elle modifie et règle l'action de la taille d'hiver, et amène le résultat voulu qui, le plus souvent, serait manqué si on laissait pousser, sans surveillance et sans frein, les productions qu'elle a conservées. L'art du pincement a donc une importance considérable, et l'on s'en fera une idée assez juste quand on saura que lui seul, sans le secours de la serpette, peut suffire à la formation et à la conduite d'un arbre.

Le pincement s'opère sur les bourgeons. Il consiste à en supprimer, sur une longueur plus ou moins grande, la partie supérieure, en la pinçant entre l'ongle du pouce et l'index, et que son état herbacé fait céder facilement. Ses effets sont d'arrêter momentanément l'affluence de la séve dans la partie pincée, et de la faire passer au profit des bourgeons voisins conservés entiers.

Cette explication serait suffisante pour donner une idée exacte du parti qu'on peut en tirer, si une foule de circonstances ne devaient pas en modifier l'application, et ne nous forçaient pas à entrer dans de plus longs détails.

1. — *Du pincement sur les arbres à fruits à noyau et particulièrement du pêcher.* — Ce pincement n'a point d'époque fixe : il est commandé par l'état particulier du bourgeon que l'on veut pincer, par la place qu'il occupe, l'objet qu'on en attend, et par ses rapports de force avec les voisins.

En règle générale, la séve tendant toujours à s'élever verticalement et procurant une vigueur plus grande aux bourgeons supérieurs, le pincement qui, pour être fructueux, est essentiellement successif, doit être commencé par les bourgeons placés sur le dessus de toutes les branches de la charpente ; ce n'est qu'après eux qu'on s'occupe des inférieurs. Dans le premier cas, il peut être nécessaire de pincer un bourgeon, lorsqu'il a une longueur de 8 à 10 centimètres; dans le second cas, on attend souvent qu'il en ait 30 et plus. Dès qu'on a commencé à pincer, il faut surveiller la végétation; car, tous les huit ou dix jours, l'état des bourgeons conservés peut changer, soit par leur accroissement normal, soit par l'augmentation de séve qui résulte pour eux des pincements précédents, soit enfin à cause des faux bourgeons que le pincement a pu faire développer. Les bourgeons, par rapport à leurs feuilles, étant d'une nécessité absolue à la belle végétation des arbres, on conçoit que leur pincement doit être encore modifié par l'état de faiblesse ou de vigueur des branches qui les portent. Un pincement sévère sur celles qui sont fortes peut diminuer leur exubérance, en même temps qu'en pinçant plus tardivement ceux de la partie faible, on vient en aide au rétablissement de l'équilibre.

Dans tous les cas, on ne doit pas perdre de vue qu'un bourgeon qui s'allonge trop, peut nuire à la formation des yeux de sa base, de même qu'un bourgeon vigoureux et court excite le développement, en faux bourgeons, des yeux qui le garnissent. Le pincement produit le même effet : si la partie conservée est trop longue, proportion gardée, les yeux de la base peuvent s'éteindre; si elle est trop courte, des faux bourgeons se forment assez généralement. Il faut donc, avant de pincer, se rendre compte de l'état du bourgeon et des productions dont il peut être garni.

Comme il y a de la coquetterie dans les opérations les plus simples, nous conseillons d'adopter la manière de pincer de M. Lepère, le grand maître français dans l'art du pêcher. Elle consiste à pincer les bourgeons derrière une feuille; ce mode dissimule la rognure et donne à penser, à ceux qui voient ses arbres, que leur régularité n'a pas eu besoin du secours du pincement.

Il n'est pas rare, dans les dessus, de voir le bourgeon de prolongement des branches à fruits prendre un développement nuisible à ceux qu'elle nourrit et à la bonne constitution du bourgeon de remplacement. Il faut le pincer pour l'arrêter, et en faire autant aux faux bourgeons qui peuvent s'ouvrir par suite de cette opération. Si le bourgeon de remplacement produisait le même effet, il faudrait agir de la même manière; et, si ce moyen était insuffisant, employer ensuite à son égard la taille en vert, pour supprimer tout ce qui surpasse le dernier faux bourgeon, qui deviendra le nouveau rameau de remplacement.

Enfin, il arrive aussi parfois que le bourgeon de prolongement d'une branche de charpente prend une longueur exagérée, qui menace d'éteindre les yeux de sa base. Il faut le pincer, en calculant toutefois sa longueur, de manière à éviter, s'il est possible, l'ouverture des faux bourgeons.

Tout pincement doit s'opérer sur une partie herbacée; si elle a cessé de l'être et qu'il faille employer la serpette, ce n'est plus pincer, c'est couper, c'est une taille en vert.

Quelque soin que l'on prenne, il est difficile d'empêcher l'ouverture de faux bourgeons, et surtout sur les bourgeons pincés. Nous avons dit que l'ébourgeonnement ne pouvait être employé à leur égard, et la raison en a été donnée. Il faut donc recourir au pincement. Mais ici cette opération n'a d'autre but que d'arrêter leur développement et de favoriser, à leur base, la formation des yeux dont on peut avoir besoin par la suite. On pince ces faux bourgeons plus ou moins longs, selon leur force. Si l'on omettait de le faire à temps et qu'ils eussent pris une organisation ligneuse, il conviendrait de les traiter par la taille en vert, comme nous le dirons plus loin, en indiquant, en même temps, les cas où il est utile de conserver des faux bourgeons entiers.

Le pincement sur les abricotiers n'offre d'autre différence que de rogner beaucoup plus court les bourgeons que développent les branches coursonnes. Il suffit de leur conserver une longueur de 5 centimètres.

II. — *Du pincement sur les arbres à fruits à pepins.* — Les principes que nous venons de développer s'appliquent parfaitement à ces arbres. Ils ont pour but de conserver de petits rameaux à bois, et de faire naître un plus grand nombre de brindilles et de dards, ressources importantes de la fructification.

Le soin qui exige le plus d'attention, c'est d'empêcher les bourgeons qui naissent sur les branches à fruits, de s'allonger au delà de 10 à 15 centimètres. Ce sont eux qu'il convient de pincer sévèrement, y compris même le bourgeon de prolongement, afin d'éviter qu'ils augmentent leur vigueur au point de les convertir en branches à bois. Il est vrai que, si l'on néglige ce pincement, on a la ressource de les casser à 3 centimètres de leur insertion; mais ce moyen, qu'on appelle *cassement*, et dont nous dirons quelque chose plus loin, n'est pas favorable aux variétés délicates, et il vaut mieux l'éviter. Le pincement d'ailleurs, bien raisonné et fait à propos, entretient dans toutes les parties une juste répartition de la séve.

Sur les arbres dressés en pyramide, l'opération qui nous occupe se pratique de la même façon; elle a surtout pour but de limiter l'allongement des bourgeons qui approchent du sommet des branches et qui les terminent. Ici, c'est toujours l'ensemble de l'arbre qu'il faut voir, et le rang qu'occupent les branches qui portent les bourgeons. En effet, ceux-ci doivent souvent être conservés entiers à la base des pyramides, tandis qu'ils ont besoin d'un pincement rigide sur les branches supérieures.

Le bourgeon qui termine la flèche, et ceux qui prolongent les rameaux qui l'avoisinent le plus, exigent une surveillance particulière. Il s'agit d'abord d'entretenir entre eux un équilibre de végétation tel, cependant, que la flèche conserve toujours un certain degré de prédominance; mais il ne faut pas que cet équilibre, tout parfait qu'il paraîtrait relativement, ait une vigueur hors de proportion avec celle des branches inférieures. S'il en était ainsi, ces dernières seraient bientôt appauvries, toujours par cette tendance de la séve à s'élever verticalement et à affluer dans tous les sommets.

Il arrive que l'ensemble de forces que présentent la flèche et ses rameaux voisins, est en équilibre convenable avec la base de la pyramide, et qu'il y a, entre le bourgeon de la flèche et ceux qui prolongent les rameaux qui l'avoisinent, une disproportion dangereuse. Lorsque c'est la flèche qui l'emporte, il n'y a à craindre que l'extinction des yeux qui se sont formés à la naissance de son bourgeon terminal; ce qui produirait des vides qui pourraient obliger de rapprocher la taille suivante de la taille précédente. Il faut donc, en pareil cas, l'arrêter par un pincement qui ne supprime qu'une faible partie de son sommet.

Si, au contraire, les rameaux qui l'avoisinent avaient sur elle un ascendant marqué, il faudrait pincer sévèrement, non-seulement leur bourgeon de pousse, mais encore les faux bourgeons que ce pincement rigoureux ferait probablement développer, parce qu'ils pourraient appauvrir la flèche et ruiner les futures productions de sa base.

Le pincement doit être employé, pour tous les arbres destinés à être dressés en pyramide, sur le bourgeon de pousse de la greffe, lorsqu'il a atteint une longueur de 50 centimètres au moins et s'il est vigoureux. Cette opération fait prendre du corps à la tige et grossir les yeux. Souvent même, elle en fait ouvrir en faux bourgeons.

§ 4. De la taille en vert.

La taille en vert que l'on nomme encore *rapprochement en vert*, *taille de mai*, *taille d'été*, toutes dénominations qui indiquent qu'elle se fait pendant la présence des feuilles, est une opération qui a lieu, selon le besoin, toutes les fois qu'on palisse.

Elle est plus usitée sur le pêcher que sur les arbres à fruits à pepins, pour lesquels on emploie le cassement; cependant on trouve aussi quelquefois, sur ces derniers, l'occasion de suppressions pendant le cours de la végétation.

La taille en vert a pour but de supprimer tout ce qui est inutile, et par conséquent nuisible; car les rameaux ou bourgeons superflus absorbent, en pure perte, une quantité de séve qui serait plus profitable ailleurs. Elle répare les mauvais résultats de la taille d'hiver et du pincement, qui a fait ouvrir, sur un même point, plusieurs bourgeons et faux bourgeons, pourvoit aux omissions de l'ébourgeonnement, et enfin aux accidents qui ont pu survenir pendant la végétation.

Il peut arriver qu'on ait conservé quelques branches à fruits dans l'espoir d'une récolte, et que cet espoir, sans lequel on le saurait supprimées à la taille d'hiver, ne se soit pas réalisé. On les rabat alors sur le bourgeon le plus rapproché de leur insertion, et l'on se débarrasse du bois inutile, en même temps qu'on favorise la bonne organisation de ce bourgeon destiné, l'année suivante, à devenir branche à fruits.

D'autres fois une branche chiffonne, dépourvue d'œil à son talon au moment de la taille, et qu'on a allongée outre mesure pour trouver un œil de pousse, a percé à sa base un de ces yeux, ressource précieuse pour la remplacer. Si cet œil annonce une bonne constitution, on peut attendre, pour rabattre la branche jusqu'à lui, qu'on ait fait la récolte des fruits ; mais, s'il est faible, il faut, malgré la perte des pêches, la rapprocher immédiatement pour profiter de cet œil adventif.

Quand l'ébourgeonnement a été fait avec soin, il reste peu de bourgeons à supprimer ; mais, s'il s'en rencontre qui y aient échappé, il convient de les couper rez le rameau. Si le pincement opéré sur un bourgeon de remplacement, ce qui est souvent nécessaire dans les dessus, a fait ouvrir quelques faux bourgeons à sa base, on le rabat entièrement sur celle de ces productions la plus rapprochée de son insertion.

Lorsque le pincement a fait ouvrir, sur le prolongement d'une branche à bois, plusieurs faux bourgeons, dont la réunion prend le nom de tête-de-saule, il faut couper tout ce qui dépasse le faux bourgeon le plus inférieur, et se servir de celui-ci pour rétablir la pointe.

Dans la forme en éventail, et surtout dans l'espalier carré, les branches supérieures, dressées presque verticalement, donnent souvent à leur bourgeon terminal un développement et une vigueur extraordinaires, qui provoquent l'épanouissement de tous ses faux bourgeons ; on le rabat alors sur le plus faible de ces derniers, qu'on attache aussi serré que le permet sa constitution, et on le destine, par la direction qu'on lui imprime, à reformer une nouvelle pointe. Quelquefois même on rabat cette branche entière sur une branche à fruits inférieure que l'on dispose pour la remplacer.

Si un accident ou une maladie a cassé ou détruit une pointe de branche placée moins favorablement que celles dont nous venons de parler, on la remplace par un faux bourgeon sur lequel on la coupe, en le choisissant, toutefois, d'une force relative aux difficultés que peut éprouver son développement.

Nous avons dit que si, par suite des yeux triples du pêcher, il se développait trois bourgeons au même point, il faudrait, à l'ébourgeonnement à la pousse, supprimer les deux plus élevés; mais, comme à cette époque il y a encore des intempéries à craindre, nous avons conseillé d'en conserver deux provisoirement. C'est à la taille en vert à supprimer, rez l'écorce, le plus fort ou le plus faible des deux, selon qu'ils sont en dessus ou en dessous d'une branche.

On conçoit que sur les arbres à fruits à noyau, comme sur ceux à fruits à pepins, la taille en vert doit supprimer, rez l'écorce, les gourmands, s'il s'en trouve; ce qui arrive, au reste, plus souvent sur les derniers, à l'égard desquels le pincement est trop négligé. Quant aux bourgeons, on peut toujours les couper en leur laissant une mince épaisseur de couronne pour se réserver la ressource que peuvent offrir les sous-yeux.

Nous avons précédemment conseillé le pincement de la plupart des sous-bourgeons qui se développent; nous conseillerons ici de couper tous les onglets qui en résultent, bien entendu en conservant aussi leur couronne sur la partie seule des bourgeons dont on prévoit la conservation à la taille prochaine. Ce soin est inutile pour tous les onglets qui appartiennent à la partie du bourgeon que l'on devra retrancher.

Le cassement, dont nous allons nous occuper, remplace en grande partie la taille en vert dans les arbres à fruits à pepins.

La taille en vert, comme on l'a vu, n'a point d'époque fixe et peut être pratiquée depuis le mois de mai jusqu'après la récolte.

§ 5. Du cassement.

Le cassement est une opération spéciale aux arbres à fruits à pepins. On la pratique, en même temps que la taille d'hiver, sur les rameaux qui ne sont pas encore disposés à former des branches à fruits. On les rompt à 2 ou 3 centimètres de leur insertion, en portant le tranchant de la serpette sur le dessus du rameau, et en relevant brusquement, avec le pouce de la main qui la tient, la partie supérieure du rameau qui se casse irrégulièrement à cette place. Cette rupture fait développer des rameaux plus faibles qui forment des brindilles ou des dards.

On opère encore le cassement de la même manière, vers la fin de la végétation, sur les bourgeons qu'on a omis de pincer, quand il en était encore temps, et qui sont devenus trop forts pour subir le pincement. Ce dernier cassement peut parfaitement être remplacé par la taille en vert du bourgeon, auquel il faut alors conserver 3 à 4 millimètres de sa couronne.

§ 6. De la suppression des fruits.

Dans les arbres faits, la suppression des fruits est un moyen d'égaliser la végétation de deux branches ou de deux parties d'arbre dont l'une a une vigueur bien supérieure à l'autre. Il suffit pour cela de supprimer tous les fruits ou seulement d'en diminuer le nombre sur la partie faible, selon le degré d'inégalité, et de les conserver sur la partie forte.

Il y a aussi des années de fertilité, où l'abondance des fruits est telle, que ce serait fatiguer les arbres et compromettre la récolte de l'année suivante, que de les conserver tous. Il faut alors retrancher tous ceux qui sont mal venants, trop rapprochés, ou qui annoncent un défaut quelconque. Cette suppression ne doit pas être faite avant la fin de juin, époque où la chute spontanée des fruits est à peu près terminée.

Quand on est jaloux de posséder de beaux raisins, surtout parmi les variétés dont les grains sont naturellement serrés, on doit les éclaircir avec les ciseaux. Cette opération, qu'on nomme *ciseler* le raisin, se fait lorsqu'ils ont atteint la moitié de leur grosseur. Elle peut paraître minutieuse, mais nous la recommandons instamment sous notre latitude, par la raison qu'outre qu'elle donne aux grains un volume plus gros, elle en hâte la maturité, avantage qui ne nous paraît pas devoir être dédaigné.

§ 7. De l'effeuillage ou de l'épamprement.

C'est la même opération qui prend deux noms, selon qu'on l'applique au pêcher ou à la vigne ; car il n'y a guère que sur ces deux espèces qu'on découvre les fruits, par la suppression des feuilles, pour les faire jouir d'une plus grande somme d'air et de lumière. Chez nous, l'effeuillage doit être encore employé pour l'abricotier et le prunier, si l'on veut obtenir des fruits plus parfaits, et surtout si, comme nous le conseillons, on plante ces deux espèces au couchant.

Il faut attendre, pour procéder à l'effeuillage, que les fruits aient atteint leur volume ; car, quelque précaution que l'on prenne pour ne retrancher que la quantité strictement nécessaire, il en résulte toujours, pour la végétation, un trouble qui arrête plus ou moins leur grossissement.

L'effeuillage doit d'ailleurs se faire à plusieurs reprises, ou, au moins, en deux fois, quel que soit le besoin qu'on ait des fruits. Il consiste à supprimer autour d'eux les feuilles qui interceptent l'air et la lumière, et à conserver constamment au-dessus une feuille qui arrête le contact immédiat et constant des rayons solaires, et qui ne les laisse parvenir, par intervalles, que grâce à l'agitation que lui communique le vent. Il faut encore que les feuilles ne soient pas retranchées en entier, mais que le pétiole et une portion du limbe soient maintenus, afin que les yeux axillaires n'éprouvent aucun obstacle à leur bonne organisation.

Si l'on effeuillait par un temps très-chaud, on devrait le faire au moment du coucher du soleil et lancer sur l'arbre une rosée rafraîchissante, au moyen d'une pompe à main percée de trous très-fins.

L'épamprement de la vigne doit être fait avec les mêmes précautions.

CHAPITRE DEUXIÈME.

APPLICATION DES OPÉRATIONS PRATIQUES DE LA TAILLE

AUX DIVERSES ESPÈCES D'ARBRES A FRUITS A NOYAU.

PREMIÈRE SECTION.

Du pêcher.

Le pêcher, ce présent de la Perse, ne doit son existence, sous nos climats tempérés, qu'à l'art de l'arboriculteur, qui a su en obtenir un fruit précieux. Il est rare qu'on le cultive franc de pied : sous cet état, il est très-sujet à la gomme. C'est assez dire qu'on ne le greffe pas sur franc. Les essais faits pour le greffer sur abricotier, n'ont pas non plus donné de résultats satisfaisants.

En France, les sujets sur lesquels on greffe le pêcher, sont l'amandier à coque dure. son congénère ; les pruniers Saint-Julien, et Damas noir. L'amandier y fournit les plus beaux arbres dans les terrains légers, profonds et un peu secs; et c'est à lui que sont dus ces magnifiques pêchers qui, à Montreuil et dans les mains habiles de M. Lepère, il est vrai, occupent, sur le mur, un espace de 12 à 14 mètres. L'amandier végète plus tard, et convient, pour cette raison, aux variétés tardives. Mais chez nous, il réussit mal ; et ce n'est que dans quelques localités privilégiées, et grâce aux soins dont nous parlerons, qu'on peut faire vivre quelques pêchers greffés sur cet arbre. D'ailleurs, en Belgique, les pêches tardives mûrissent mal, et la végétation prolongée que communique l'amandier, expose davantage les arbres à être frappés de la gelée.

Le véritable prunier Saint-Julien gèle souvent chez nous;

et c'est généralement sur *damas blanc*, *myrobolan* et quelquefois sur *damas noir*, qu'on y greffe le pêcher. Les pruniers *damas* non-seulement manquent de vigueur pour produire ces beaux pêchers dont nous avons parlé plus haut, mais ils ont encore l'inconvénient d'une végétation qui s'arrête trop tôt, et avant la maturité des pêches, qui tombent à la suite de cette perturbation dans la séve. C'est le pêcher greffé sur myrobolan, qui réussit le mieux en Belgique; et nous le recommandons particulièrement. Bien que ce sujet puisse donner au pêcher un assez grand développement, nous ne pouvons pas espérer obtenir des espaliers de l'étendue de ceux que nous avons cités plus haut; mais pour peu que le sol ait quelques qualités, ce n'est pas trop présumer que de compter sur des pêchers d'une envergure de 8 mètres au moins.

Nous ne pouvons cultiver chez nous le pêcher qu'avec le secours des murs chaperonnés et des auvents; nous ne nous occuperons donc que des formes sous lesquelles on le conduit en espalier. M. Lepère, que nous avons déjà cité, et qui a fait faire, en France, les plus grands progrès à la culture des pêchers, autant par les beaux exemples qu'il a formés, que par la publication de son ouvrage sur ce sujet, va être notre guide, sauf les modifications que nous paraîtra motiver la constitution atmosphérique de notre pays plus au nord que Paris de deux degrés.

Faisons d'abord connaître le mode naturel de végétation de l'arbre qui nous occupe, afin d'en tirer les inductions sur lesquelles s'appuie la méthode de le tailler et de le conduire.

§ 1. Mode de végétation du pêcher.

Le pêcher est un arbre de grandeur médiocre, dont le développement se restreint à mesure qu'il avance vers le nord. Dès les premières chaleurs du printemps, ses boutons et tous ses yeux s'épanouissent. L'apparition des fleurs précède celle des bourgeons. Sa végétation est vigoureuse et incessante jusqu'à l'approche de la mauvaise saison.

De mai en août, les feuilles qui sont alternes, arrivant

successivement à l'état adulte, absorbent moins de séve. Celle-ci forme alors dans leur aisselle des yeux ou des boutons. Ces productions, déjà très-apparentes à la chute des feuilles, restent, pour le plus grand nombre, stationnaires jusqu'au printemps suivant. Cependant, il est des yeux qui, placés sur les sommités des pousses, s'ouvrent, par anticipation, en bourgeons nommés: *faux bourgeons, redrugeons, bourgeons anticipés*, etc. Nous nous occuperons d'eux plus tard.

Les germes des productions futures déposés par la séve dans l'aisselle des feuilles, sont de deux sortes: les yeux à bois et les boutons à fleurs.

L'œil à bois (fig. 2, pl. IV, *aa*) est, nous les avons, l'enveloppe d'un bourgeon. Il est couvert d'écailles imbriquées d'un rouge brun. Sa forme est celle d'un petit cône pointu quand il est terminal; un peu comprimé quand il est axillaire. Indépendamment de ces yeux à bois, formés par l'action normale de la séve, on peut en faire naître, sur le bois de tout âge, par l'influence de la taille. Ce fait, longtemps contesté, est aujourd'hui certain et admis, grâce à la persévérance de M. Lepère, resté longtemps seul de son avis, malgré les nombreuses preuves qu'il en fournissait. Il est très-important et a fait faire un grand pas à la taille du pêcher.

Le bouton (fig. 3, pl. IV, *b*) est l'enveloppe de la fleur. Il est également recouvert d'écailles, mais sa forme est en tous points plus arrondie. Il ne peut exister que sur du bois d'un an.

On trouve sur le pêcher, des yeux ou boutons simples, doubles, triples et quintuples.

L'œil simple est toujours à bois, sauf quelques exceptions qui constituent une branche à fruits particulière dont il sera question. Les yeux doubles (fig. 4, pl. IV) sont généralement, l'un à bois, l'autre à fleur. (*A* œil à bois; *B* bouton à fleur.) Les triples sont parfois tous à bois dans les arbres jeunes ou très-vigoureux; mais le plus souvent, il y en a deux à fleur, *a a*, et un à bois au milieu *b* (pl. IV, fig. 5).

Dans les boutons quintuples (fig. 6, pl. IV), les quatre de la circonférence sont à fleur, et paraissent les premiers; celui du milieu *a*, qui se montre un peu plus tard, est à bois. Il remplace l'œil terminal des branches ordinaires ; et, quoiqu'il avorte quelquefois, les fruits n'en arrivent pas moins à maturité, ainsi que sur d'autres branches également privées d'œil terminal, nouveau fait constaté encore par les nombreuses expériences de M. Lepère.

Nous avons déjà dit que de l'œil à bois naissait un bourgeon qui devenait rameau. On distingue sur le pêcher deux sortes de rameaux : celui à bois, et celui à bois et à fruits ou mixte. Le premier est constitué de façon à ne produire que du bois et des feuilles ; le second, à ajouter des fruits à ces précédentes productions ; l'un et l'autre deviennent branches, ainsi que nous l'avons expliqué.

Par cette raison, il n'y a aussi que deux sortes de branches : les unes à bois, et les autres à fruits et à bois, ou plutôt, et pour nous faire mieux comprendre, il n'y a sur le pêcher que les branches qui constituent la charpente, toutes à bois et d'âges différents, et celles à fruits qui en garnissent les arêtes. Ces dernières ne peuvent avoir plus d'un an et doivent, par conséquent, être remplacées à chaque taille par un des rameaux qu'elles ont produits l'année précédente et qui donnera des fruits à son tour.

On doit penser qu'avec cette condition, pour les branches à fruits, de ne produire du bois qu'une fois, et quand elles n'ont qu'un an, un pêcher, abandonné à lui-même, et chez lequel la séve, plus que dans tous les arbres peut-être, a une tendance irrésistible à s'élever verticalement, aurait bientôt toutes ses branches inférieures dénudées, et ne montrerait de productions vertes et quelques fruits rares et mal venants, que sur le sommet des plus élevées. Un pareil état amènerait bientôt le dépérissement et la mort. C'est donc à l'égard d'un tel arbre que l'influence d'une taille sagement raisonnée peut avoir les plus heureux effets, et est d'une nécessité absolue pour prolonger son existence et assurer sa production.

§ 2. Principes de la taille du pêcher.

Pour donner facilement l'intelligence des opérations que

nécessite la taille du pêcher, nous allons, toujours à l'exemple de M. Lepère, la considérer sous deux points de vue principaux ; savoir : la taille des branches à bois ou de la charpente, et la taille des branches à fruits.

I. — *Taille des branches à bois.* — Commençons par rappeler succinctement leur organisation, qui est partout la même, quels que soient la forme adoptée et le rang ou la place qu'occupe la branche qu'il s'agit de tailler. Elle est formée, dès sa base, de bois de différents âges toujours plus jeunes en avançant vers le sommet, et ne comptant que deux ans dans la partie qui touche son rameau terminal, qui, ainsi que nous l'avons dit, forme toujours son extrémité supérieure ou sa pointe. C'est sur ce rameau que la taille doit être faite Elle a pour but ou de prolonger simplement cette branche, ou de former, en même temps que ce prolongement, une nouvelle branche de ramification.

Le rameau qui doit donner ces résultats est, comme on le sait, le produit d'un bourgeon formé à la suite de la taille précédente, et qui, en parcourant les phases de la végétation, a développé des feuilles dans l'aisselle desquelles se sont formés des yeux axillaires ; il est lui-même couronné par un œil terminal vers lequel se porte la séve avec une grande préférence. On conçoit facilement que cette faculté du fluide séveux s'exercerait de même sur l'œil placé immédiatement au-dessous du terminal, si celui-ci venait à être supprimé. Tel est le principe de la taille.

Ainsi, lorsqu'il s'agit de pourvoir purement et simplement au prolongement d'une branche, on taille le rameau sur l'œil dont on a fait choix, et que cette opération rend terminal ; son développement donne le résultat voulu.

Si, outre le prolongement, il faut encore former une branche inférieure (car l'établissement d'une branche supérieure ne présente aucune difficulté, les productions dans les dessus ne laissant que l'embarras du choix), il faut tailler la branche sur un œil placé devant ou dessus, pour en faire le terminal, et immédiatement suivi d'un œil en dessous, à l'aide duquel on constituera la nouvelle ramification. On peut quelquefois utiliser, pour cet objet, un faux rameau placé dans la même position; seulement il faut qu'il soit bien constitué ; ce qui ne se rencontre pas toujours dans les productions de cette nature. Toutefois, on peut faciliter son développement normal par quelques incisions longitudinales. Cette manière de former une ramification inférieure, est fondée sur ce fait, que l'œil le plus favorisé par la séve, après le terminal, est celui qui avoisine ce dernier de plus près.

Hors les cas où l'on a besoin de pourvoir à la fois au prolongement d'une branche et à la formation d'une ramification, cas dans lesquels on doit, à cause de la disposition alterne des yeux, choisir forcément pour le terminal, un œil en dessus ou devant, afin d'en avoir un en dessous pour la ramification, il faut toujours prendre, pour continuer la pointe, un œil terminal en dessous, parce qu'il accepte plus facilement la direction convenable.

On taille les branches à bois plus ou moins long selon leur force et l'état général de l'arbre. En effet, dans toutes les formes en espalier, qui sont les seules, ainsi que nous l'avons déjà dit, que l'on puisse raisonnablement adopter pour le pêcher, en Belgique, ces branches ont généralement des parallèles qu'elles doivent égaler en développement ; et la taille des unes est, par cette raison, subordonnée à celle des autres. On ne doit jamais oublier que l'allongement d'une branche faible, d'ailleurs bien constituée, est un excellent moyen de l'aider à regagner la différence en plus qu'a, sur elle, une parallèle plus forte, et qu'on hâte cet effet en raccourcissant au contraire la taille de cette dernière. Il ne faut pas perdre de vue non plus que l'allongement ne doit jamais être tel qu'il puisse appauvrir les productions dont elle est garnie inférieurement, ni le raccourcissement assez prononcé pour faire ouvrir les yeux en faux bourgeons, ou faire prendre un volume trop considérable aux productions qu'on lui a conservées. C'est donc en conciliant ces diverses considérations, qu'il faut régler la taille des branches à bois, que l'on régularise ensuite, pendant le cours de la végétation, par les moyens que donnent les opérations complémentaires décrites dans le chapitre précédent.

On ramène encore l'équilibre de forces, entre deux branches inégales, en taillant la plus forte sur un faisceau d'yeux triples, et en détruisant immédiatement, avec la pointe de la serpette, le plus fort, qui se trouve toujours au milieu; plus tard, lorsque les deux autres yeux se sont développés, on supprime encore le bourgeon le plus fort, et l'on obtient ainsi un ralentissement dans la croissance de cette branche.

Enfin, si la pointe d'une branche faible est languissante, on peut la rapprocher sur un rameau vigoureux que l'on trouve plus bas, et on taille celui-ci pour remplacer la pointe supprimée, en s'aidant à cet effet du palissage.

Quant aux branches supérieures ou qui ont leur insertion dans les dessus d'autres branches, si leur formation ne présente pas de difficultés, leur taille exige de l'attention et leur développement une grande surveillance. Il suffit, pour les former, de faire choix d'une branche à fruits bien placée, et qui conviendra d'autant plus qu'elle aura reçu plus de tailles. On supprime le rameau de remplacement, et on taille la branche qui a fructifié, ou plutôt son rameau de prolongement, sur un œil destiné à la prolonger. On la palisse ensuite dans la direction convenable; mais, à cause de la tendance qu'a la séve à se porter avec affluence dans les voies qu'on lui ouvre verticalement, il faut veiller continuellement sur la croissance de cet œil terminal, et la tenir dans des proportions modérées, afin que la base de la branche puisse rester convenablement garnie de productions; c'est à l'aide du pincement, qui y concentre la séve, qu'on parvient à ce résultat.

Aux tailles suivantes, on prolonge ces branches supérieures, en choisissant pour terminal un œil placé devant; ce qui dissimule mieux la taille. Mais, comme le plus souvent, elles sont très-vigoureuses et que tous les yeux s'ouvrent en faux bourgeons, on taille sur l'un de ces derniers, devenu faux rameau, que l'on choisit plus ou moins faible, selon le besoin, et que l'on taille, à son tour, sur un œil de devant. Quelquefois même on est contraint de les rabattre sur un rameau inséré sur le vieux bois, et que l'on taille de la même manière pour former une nouvelle pointe.

Tels sont les expédients que l'art a imaginés pour la taille des branches à bois. Passons à l'exposé des moyens employés pour la taille des branches à fruits.

II. — *Taille des branches à fruits.* — On se rappelle que les fruits ne peuvent se former que sur du bois d'un an. Si on laissait croître en liberté une branche à fruits, le plus grand désordre s'ensuivrait : elle s'allongerait indéfiniment chaque année, se dénuderait complétement à sa base, et n'aurait plus que quelques mauvais fruits sur son rameau terminal. C'est cette faculté qui rend si facile la formation d'une branche de ramification supérieure, en y consacrant une branche à fruits que l'on prolonge successivement en taillant sur son rameau terminal.

Le seul moyen d'empêcher le désordre que nous venons de signaler, c'est de concentrer la séve dans la base de la petite branche, afin d'y faire naître de jeunes productions capables de donner du fruit l'année qui suit leur naissance. Les moyens qui amènent ces résultats, constituent l'art du *remplacement*.

Nous avons dit qu'il y avait quatre sortes de boutons sur les rameaux à fruits du pêcher ; de là, autant de sortes de branches à l'égard desquelles des explications sont nécessaires, parce que leur organisation apporte quelques modifications dans le principe général de leur traitement.

La première sorte est la branche à boutons simples (fig. 7, pl. IV). Elle est ordinairement longue et grêle ; elle a reçu aussi le nom de branche *chiffonne*. C'est la moins bien organisée ; mais, comme elle se présente le plus souvent dans les dessous où les petites branches sont précieuses, il faut toujours l'utiliser. Quand elle a, au moins, comme dans la fig. 7, un œil *a* à son talon et un ou deux à son sommet, elle est meilleure, et sa taille est réglée par le principe commun du remplacement.

Les branches à boutons doubles ou triples sont celles qui sont les mieux constituées pour l'opération de la taille, et qui, à fort peu d'exceptions près, ne présentent aucune difficulté. Elles sont plus abondantes dans les dessus que dans les dessous. Les fig. 4 et 5 de la pl. IV en donnent une idée.

La branche à boutons quintuples (fig. 6, pl. IV), que l'on nomme aussi branche *à bouquet* et *bouquet de mai*, est une sorte de dard qui s'allonge au plus de 6 à 8 centimètres et est couronné par un bouquet de fleurs au nombre de quatre au moins, et quelquefois davantage. Pour celle-ci, qui est la branche à fruits par excellence, le principe général du remplacement n'a pas d'applications; il lui faut un traitement particulier.

Ainsi donc, pour toutes les branches à fruits dont l'organisation est régulière, voici quelle est la pratique qui doit être employée pour le remplacement.

Toutes les productions qui naissent sur le prolongement des branches de la charpente, doivent être converties en branches à fruits. Excepté la quatrième sorte ou *branche à bouquet*, qui se forme spontanément et sans préparation, toutes résultent d'un œil et du bourgeon qui en est la suite. Les faux bourgeons qui se développent sur le bourgeon de prolongement des branches, peuvent aussi, quand on le veut, être convertis en branches à fruits.

Ainsi donc, dès qu'un bourgeon se développe, on doit mettre tous ses soins à en faire une branche à fruits; autrement il y aurait un vide à sa place, à cause de la disposition alterne des yeux. Il en est de même des faux bourgeons qui se trouvent sur la partie du bourgeon de pousse, que l'on conserve, et qu'il faut traiter semblablement, si l'on ne veut pas courir le même risque.

Quoiqu'on veuille faire une branche à fruits, d'un bourgeon, rien n'empêche, si c'est nécessaire, de le pincer pendant sa végétation, et, le plus souvent même, il faut pincer aussi les faux bourgeons ouverts sur le bourgeon principal: d'abord, parce qu'ils annoncent toujours une vigueur gênante, et ensuite, parce que s'ils ne sont pas pincés, leurs yeux naissent à des distances trop grandes ou s'éteignent à leur base, ce qui empêche d'établir, près de la branche à bois, les productions destinées au remplacement.

On laisse donc, sauf le pincement et le palissage en vert, pousser librement le bourgeon pendant la végétation, qui s'effectue durant l'année de sa naissance. Au printemps suivant, il est devenu rameau et reçoit sa première taille. Si tous ses yeux sont à bois, on le coupe au-dessus du troisième, qui est destiné à le prolonger; les deux autres ont pour mission de développer des bourgeons dont l'un des deux sera, l'année suivante, rameau de remplacement. Si le rameau est mixte, ou a des yeux et des boutons, on le taille au-dessus du premier œil qui surmonte le nombre de boutons à fruits qu'on veut conserver. Si, au-dessous de ces boutons, se trouvaient plusieurs yeux, on pourrait les éborgner, excepté les deux inférieurs, si mieux on n'aimait attendre la pousse pour ébourgeonner dès leur naissance, avec le doigt, les bourgeons surabondants. Cette suppression est surtout essentielle pour les rameaux qui se trouvent dans les dessus, où la séve afflue davantage, tandis que pour les rameaux à fruits nés en dessous, il est souvent utile de laisser prendre une certaine longueur à leurs bourgeons, pour y entretenir une plus grande vigueur, sauf à les supprimer plus tard par la taille en vert. Si l'on conserve deux yeux à la base des rameaux, c'est dans la prévision d'accidents qui ne se réalisent pas toujours, car il n'est besoin que d'un seul. Mais nous venons de dire que l'on ébourgeonnait le second, ou qu'on le taillait en vert selon les cas, lorsqu'il avait persisté. En toutes circonstances, la branche à fruits doit donc se présenter à la taille suivante avec son rameau de prolongement, qui la termine, et son rameau de remplacement développé près de son talon. Nous avons dit aussi que, pour fortifier un rameau de remplacement qui montre peu de vigueur, on pouvait, après la récolte, rabattre jusqu'à lui, par la taille en vert, la branche qui vient de fructifier.

A la deuxième taille de la branche à fruits, on supprime toute la partie qui dépasse le rameau du talon ou de remplacement; on taille celui-ci selon sa position, sa force et le nombre de fruits qu'il peut nourrir. On lui conserve toujours un œil de pousse terminal, et, à sa base, deux yeux pour produire les bourgeons destinés à y maintenir la séve, et dont l'un, généralement le plus bas, devra être le rameau de remplacement à la taille suivante, qui sera faite, ainsi que toutes celles qui lui succéderont, absolument de la même manière. Nous venons de dire qu'il faut toujours laisser un œil de pousse au rameau de prolongement; cependant si, au-dessus des boutons à fleur, il ne s'en trouvait pas, ce ne serait pas une raison pour sacrifier ceux-ci et pour tailler au-dessous d'eux sur un œil de la base; car l'expérience a prouvé que les fruits viennent à maturité sur des branches, dépourvues d'œil de pousse, ou chez lesquelles celui qu'on leur avait conservé, a péri par accident.

Si l'on a bien suivi notre raisonnement, on sera convaincu que l'opération du remplacement ne présente pas autant de difficultés qu'on le croit généralement; et, pour en compléter l'intelligence, nous mettons sous les yeux du lecteur les figures suivantes :

La fig. 8, pl. IV, représente le rameau né de la première pousse d'une branche de ramification au printemps où il va recevoir sa première taille. Il est couronné par un œil terminal *A*, et a, sur toute sa longueur, des yeux latéraux *B*, qui doivent former les productions fruitières destinées à garnir ses deux côtés. On porte la coupe de ce rameau au point *c*.

La fig. 9, pl. IV, montre les résultats de cette taille. L'œil *B*, sur lequel on a taillé en *c*, a produit le prolongement *A*. Les autres yeux *B*, développés en bourgeons, sont devenus rameaux à leur tour au moment où cette branche de ramification va recevoir sa seconde taille, indiquée par la coupe *c*. Tous les rameaux *B* seront taillés au point précisé par la coupe au-dessus du troisième ou quatrième œil. Il est rare qu'un de ces rameaux ait des boutons à fleurs; s'il s'en trouvait cependant, on est libre de tailler au-dessus d'eux, si mieux on n'aime les supprimer à cause du jeune âge de la branche.

La fig. 10, pl. IV, représente l'effet de la végétation après la taille précédente. Ici tous les rameaux *B* sont devenus des branches qui sont accompagnées chacune d'un rameau de remplacement, développé plus ou moins près de leur insertion. Nous supposons que, par la taille en vert, à la fin de l'été précédent, on a eu soin de débarrasser ces branches des bourgeons inutiles, afin de favoriser celui qui est réservé pour le remplacement. La taille que toutes ces branches vont subir, est indiquée par *D*. La branche qui a porté fruits, ou qui, sans en avoir porté, ne peut plus en produire, parce qu'elle est trop âgée et devenue branche à bois, sera supprimée en *a* sur son rameau de remplacement *b* ; et celui-ci sera taillé en *c* pour le faire devenir branche à fruits.

On a beaucoup parlé de la taille en crochet, qui consiste à tailler la branche à fruits sur deux rameaux de remplacement : l'un long, donnant des fruits ; l'autre sur deux yeux, pour assurer le remplacement de l'année suivante. D'après ce qui précède, on voit qu'en adoptant notre principe, on ne doit jamais recourir à la taille en crochet. Il n'y a qu'un seul cas où M. Lepère l'emploie ; la figure *E*, 10, le représente : *a* est la branche à fruits qui a fructifié l'année précédente, et qu'il faut supprimer en *b*; *c* et *d* sont deux rameaux de remplacement ; *c* n'a point d'yeux à sa base et porte des boutons *iii*; *d* n'a point de boutons à fleurs, mais il a des yeux à sa base, d'ailleurs plus rapprochée du talon que *c*. En pareil cas, on taille *c* en *o* sur un œil de pousse pour avoir les fruits *iii*; et on taille *d* en *u*, pour obtenir un bourgeon de remplacement près de l'insertion de la branche.

On voit, par ces explications, que la taille des branches à fruits a pour principe général la concentration continuelle de la séve, afin de faire produire chaque année de jeune bois, le seul capable de donner du fruit, pour remplacer celui sur lequel on a récolté l'année précédente.

Il nous reste à signaler, non pas les exceptions, mais les modifications à la pratique que nous venons d'exposer.

Il arrive souvent que la branche chiffonne (fig. 7, pl. IV) n'a pas, à son talon, d'œil à bois dont on puisse espérer un rameau de remplacement. En pareil cas, on la supprime rez l'écorce, si l'on peut s'en passer; mais si, au contraire, elle garnit un vide, il est mieux de la conserver et d'essayer d'en tirer parti. Pour cela on la laisse entière, quand elle n'a qu'un œil terminal ; mais s'il se trouve, plus bas, un œil sur le côté, il est préférable de descendre la taille jusqu'à lui. On ne lui laisse qu'une couple de boutons à fleurs, en abattant tous ceux qui sont surabondants, et on lui donne, au palissage, toute la liberté qu'on peut lui accorder. On a soin de pincer sévèrement son œil de pousse, toutefois après qu'il a pris un assez grand développement pour avoir appelé plus de séve dans cette branche, avec l'espoir que la concentration de ce fluide fera percer un œil adventif sur le talon. Si cette circonstance se réalisait, on taillerait en vert la branche au-dessus du fruit le plus élevé, si plutôt on ne le faisait sur le bourgeon adventif lui-même, en sacrifiant les fruits. Mais si on les conserve, on ne doit pas manquer d'opérer cette taille en vert, immédiatement après la récolte des fruits.

Comme les branches de cette nature sont presque toujours dans les dessous, où il est si important de maintenir la séve, il faudrait encore, si cette première tentative n'avait pas réussi, conserver cette branche à la taille suivante, en la taillant sur l'œil le plus bas qu'on puisse trouver. Si cette nouvelle concentration de séve opérait le résultat cherché, il faudrait s'empresser de la tailler en vert sur cet œil, sans s'embarrasser de considérer si elle porte un ou deux fruits sur la portion du rameau qui le dépasse.

Quelquefois aussi les branches à yeux doubles (fig. 4, pl. IV), taillées l'année précédente sur un œil unique, n'en ont point produit à leur talon. Il faut alors les tailler sur l'œil le plus rapproché de cette taille, et les palisser immédiatement, de manière à gêner leur base et à leur faire subir une demi-torsion qu'on maintient par le palissage; si ce moyen fait produire un œil adventif, on taille en vert immédiatement sur lui.

Les petites branches placées en dessus des branches charpentières, doivent à leur position une vigueur plus grande qui tend à éloigner, beaucoup trop de leur insertion, les yeux les plus bas. On parvient souvent à en faire naître de plus rapprochés, en gênant ces branches par un palissage serré. Le cas arrivant, on taille en vert tous les bourgeons qui sont supérieurs à ce nouvel œil pour le faire développer; ce que l'on favorise encore par le pincement sévère du bourgeon de pousse.

Dans les mêmes circonstances, les fleurs se trouvent parfois très-élevées, précédées qu'elles sont par plusieurs yeux à bois, résultat de la vigueur de ces branches. On est bien obligé, pour avoir des fruits, de tailler au-dessus des boutons, sur un œil à bois; mais, en même temps, on a soin d'éborgner tous les yeux qui sont au-dessous d'eux, à l'exception toujours des deux qui sont le plus près du talon.

On ne doit laisser à chaque petite branche que le nombre de fruits qu'elle peut nourrir sans fatigue, et toujours plus dans les dessus que dans les dessous. En général, on peut toujours avec avantage supprimer sur leur rameau de remplacement, les branches qui ont fructifié, aussitôt après la récolte, sans attendre l'époque de la taille d'hiver. Cette méthode fortifie les rameaux de remplacement qui donnent ainsi de meilleurs résultats.

Il nous reste à parler de la quatrième sorte de branches à fruits, ou du bouquet de mai, qui, ne s'allongeant que de 3 à 8 centimètres et se composant d'un bouquet de fleurs au centre duquel est un unique œil de pousse, ne peut recevoir aucune taille (fig. 6, pl. IV). Cette quatrième sorte de branches se forme presque exclusivement sur le vieux bois et assez souvent par devant. Dans ce cas, on la supprime immédiatement après la récolte. Mais lorsqu'elle naît à une autre place, on ne la supprime qu'autant qu'elle est gênante et toujours après qu'elle a fructifié. Voici comment on doit la traiter à la taille qui suit la fructification, lorsqu'on l'a jugée utile à garnir l'arête de la branche charpentière sur laquelle elle est née. On la rabat alors sur l'œil le plus rapproché de son insertion, lequel, en se développant en bourgeon, constituera une branche à fruits pour l'année suivante. Mais si, ce qui est assez rare, il ne s'est pas formé d'œil, on peut espérer en obtenir un par le moyen suivant. On taille le rameau terminal, qui est résulté de son œil de pousse, sur un autre œil latéral au-dessous duquel se trouvent au moins deux fleurs, car il faut toujours penser à la production; puis on palisse la branche de façon qu'en imposant une forte gêne à sa base, on y arrête la séve pour produire un œil, dont on aide le développement, comme nous l'avons déjà dit, par le pincement raisonné du bourgeon de pousse.

Maintenant que nous savons comment on obtient et taille les branches à bois et à fruits, nous allons décrire les formes qui conviennent le mieux au pêcher, sous le climat de la Belgique.

§ 3. Des diverses formes à donner au pêcher.

Nous avons dit que le pêcher ne peut être cultivé chez nous qu'avec l'abri d'un mur. C'est donc uniquement des formes qui constituent l'espalier que nous avons à nous occuper. Nous commencerons par celles qui nous paraissent les plus simples, les plus productives et les plus favorables à la longévité des arbres. A ces titres, nous recommandons particulièrement la forme *carrée* dont nous avons vu à Montreuil des exemples admirables et qui, âgés de dix-huit ans maintenant, jouissent d'une vigueur qui leur promet encore un long avenir, ainsi qu'une fructification toujours abondante et régulière.

I. — *Du pêcher en espalier carré.* — C'est la méthode Lepère que nous allons suivre, en la modifiant toutefois selon les nécessités de notre sol et de notre climat.

Le jeune pêcher, planté à l'automne, a eu sa tête coupée immédiatement à 20 ou 25 centimètres au-dessus de sa greffe, pour entretenir plus vigoureux les yeux de sa base. Au printemps suivant, on supprime sur l'arbre (fig. 11, pl. IV) représenté avec sa tête coupée, l'onglet de cette coupe au-dessus des yeux *a* et *b*, placés de chaque côté et destinés à devenir les deux branches mères. Cette seconde coupe favorise le développement de ces deux yeux, en les rapprochant du sommet, et il est bon de n'ébourgeonner les yeux *c* qui se trouvent au-dessous d'eux, qu'après que l'épanouissement des premiers sera complet et assuré. Il suffit, pendant la végétation qui suit, de surveiller et de favoriser la croissance égale de ces deux bourgeons que l'on palisse peu serré et en *V*, et dont le résultat est indiqué par la fig. 1, pl. V.

Il peut arriver qu'un des deux bourgeons périsse; il faut alors redresser l'autre et le pincer pour fortifier les yeux de sa base, et les faire ouvrir en faux bourgeons, dont on choisirait deux pour constituer les branches mères, en supprimant, par la taille en vert, toute la partie du bourgeon au-dessus d'eux. Ce sont toujours les faux bourgeons les plus inférieurs dont on fait choix. Lorsqu'un pareil accident survient tard en saison, il n'y a pas d'autre moyen que de redresser le rameau survivant, de couper sa tête et d'attendre au printemps suivant ; ce qui occasionne un retard d'un an.

Première taille. — Deuxième année de plantation. — La fig. 1, pl. V, représente le pêcher garni de ses deux rameaux A et A', qui sont les futures branches mères. On examine si l'on peut trouver sur chacune, à 40 centimètres environ de leur insertion, un œil placé en dessus, sur lequel on puisse tailler pour prolonger la mère branche, et qui soit immédiatement suivi d'un œil en dessous, dont on obtiendra la première branche de ramification, qui prend ici le nom de *première secondaire inférieure.* Dans le cas présent on taille donc les deux rameaux A et A' au-dessus de leur œil *a* suivi d'un autre œil *b*. Pendant la végétation de cette année, on surveille le prolongement des branches mères, pour qu'il ne soit pas tel que la branche secondaire *b* ne puisse s'organiser fortement. On sait que le palissage, l'ébourgeonnement, le pincement et la taille en vert sont les principaux moyens de conserver l'équilibre, non-seulement entre les deux branches de chaque aile, mais encore entre les deux moitiés de l'arbre, qui doivent se partager, par égale portion, la séve qui monte des racines.

Il est, à cet égard, un moyen que nous n'avons pas encore indiqué et qui suffit pourtant dans un grand nombre de cas. Il consiste à fixer, à l'aide d'un support approprié, au-dessus et le plus près possible de l'aile dominante, un auvent en paille ou une simple planche qui lui cache la vue du ciel. Cette presque privation de lumière, imposée aux pousses de cette aile sur lesquelles l'air n'a pas non plus autant de contact, ralentit leur végétation, tandis que l'aile faible, qui jouit librement de ces deux avantages, croît avec plus d'activité.

Nous avons donné, ce nous semble, assez d'explications sur la naissance et la conduite des branches à fruits, pour ne pas avoir besoin de redire ce qu'il faut faire à l'égard des productions qui se développent en dessus et en dessous de ces jeunes branches, car on sait qu'à moins d'une nécessité absolue, on n'en conserve jamais ni devant ni derrière.

Si, par hasard, la végétation qui précède la première taille n'avait pas suffisamment développé les deux premiers rameaux en longueur et en volume, pour qu'on pût tailler sur eux, à 40 centimètres de hauteur, et former en même temps la première secondaire inférieure, on bornerait la première taille à raccourcir les deux rameaux sur un œil de devant pour les prolonger, et l'on remettrait, au printemps suivant, la formation de la première ramification inférieure.

Deuxième taille. — Troisième année de plantation.—Si, malgré les soins donnés aux résultats de la taille précédente, les deux ailes avaient conservé une inégalité de forces remarquable, il faudrait laisser, sur la partie faible, se développer le plus grand nombre de bourgeons possible, en tenant compte toutefois de la symétrie qu'il faut toujours établir. On réduirait, au contraire, sur la partie forte, au plus strict nécessaire, la quantité de ces productions, qu'on pincera en outre, si c'est utile.

Mais supposons que ces résultats sont tels que l'indique la fig. 2, pl. V, qui ne représente que l'aile *A'*, l'aile *A* étant supposée identiquement pareille. On débute par tailler tous les rameaux, et toutes les petites branches selon leur âge et leur position. Ensuite, on s'occupe des branches de la charpente. On taille la branche mère *A'* à 80 centimètres environ de l'insertion de la branche *B*, intervalle nécessaire pour qu'étant abaissées au point convenable, il y ait entre elles une distance de 50 centimètres, rigoureusement nécessaire pour le palissage des petites branches. Cette taille est faite, comme la première, sur l'œil *a* placé en dessus ; et l'œil *b*, immédiatement en dessous, donnera naissance à la *deuxième secondaire inférieure*. La branche *B* de chaque aile est également taillée à 80 centimètres environ de longueur sur un œil de dessous *b* pour la prolonger. Il résulte de cette opération, qu'après le palissage, ces quatre pointes touchent, de chaque côté, sur une même ligne perpendiculaire.

Il arrive que, sur les deux branches mères, on ne trouve pas toujours à une hauteur parallèle un œil en dessus pour leur prolongement. On peut alors tailler sur un œil de devant, dont le bourgeon sera palissé aussitôt que possible, pour lui faire prendre une direction droite, et s'opposer à sa tendance à se porter en avant ; ce qui forme, à la place de la taille, un coude désagréable. Quelquefois aussi les branches secondaires ne sont pas garnies, à la même longueur, d'un œil bien placé ; il faut alors, pour le coup d'œil du palissage en sec, laisser, à la branche qui a l'œil le plus bas, un onglet suffisamment long pour les égaliser. Lorsque l'œil de pousse de cette branche s'est suffisamment développé, on supprime cet onglet.

La surveillance des résultats de cette taille est la même que celle de la taille précédente.

Troisième taille. — Quatrième année de plantation. — La fig. 3, pl. V, montre l'aile *A'* du pêcher dans l'état que lui a donné la végétation qui a succédé à la deuxième taille. On débute par le dépalisser, mais au moment même de tailler, et on le repalisse immédiatement après la taille, pour mieux le garantir des intempéries qui peuvent encore survenir. On profite de ce dépalissage, pour visiter et nettoyer les murs et le treillage, détruire les insectes et enlever, à toutes les aisselles des branches, les détritus des feuilles qui peuvent s'y être amassés pendant l'hiver. On jette un coup d'œil général sur l'ensemble de l'arbre pour mieux juger de ce que sa taille exige, et l'on commence ensuite par tailler les branches à fruits, selon les règles précédemment établies ; de façon que les branches de la charpente, débarrassées de tout le bois inutile, peuvent être jugées avec plus d'exactitude. Cette manière de procéder est commune à toutes les tailles, quel que soit d'ailleurs leur âge.

On prend, à cette taille, la troisième branche secondaire inférieure par le même moyen indiqué à la précédente, en taillant les deux branches *A* et *A'* sur l'œil supérieur *a* suivi d'un œil inférieur *b*. On taille également les deux secondaires inférieures *B*, *C*, comme nous l'avons dit pour la branche *B*, deuxième taille.

La surveillance de la végétation est la même, et on la conduit par les moyens indiqués.

Quatrième taille. — Cinquième année de plantation. —

La fig. 3, pl. V, suffira à l'intelligence de cette taille ; elle représente la branche mère *A'* et ses trois branches secondaires inférieures *B*, *C*, *D*, lettres qui indiquent l'ordre de leur formation. La branche *D* n'est que ponctuée, parce qu'elle n'est développée qu'à la quatrième taille. Nous avons vu en France des pêchers, sous forme *carrée*, auxquels on donnait quatre branches secondaires inférieures et autant de supérieures ; mais, outre que ce développement exige des murs plus élevés, nous avons la conviction que, pour que la culture du pêcher réussisse bien chez nous, il faut y concentrer la séve et ne pas lui laisser prendre une étendue dont toutes les parties ne pourraient pas être suffisamment entretenues. Nous conseillons donc de ne pas lui donner plus de trois branches secondaires inférieures et plus de trois supérieures.

L'arbre que nous avons sous les yeux, est donc complet, quant à la formation de sa partie inférieure ; mais, comme il importe de constituer très-vigoureusement les branches qui garnissent cette partie, avant d'ouvrir à la séve des issues en dessus, nous taillerons la branche mère *A* et les secondaires *B*, *C*, *D*, aux points que réclame leur force, dans le but unique de les prolonger. Toutes les petites branches seront maintenues, comme telles, sur le dessus de la branche mère ; et ce n'est qu'à la taille suivante que nous y établirons des branches secondaires supérieures, si toutefois encore l'organisation des autres nous paraît en état de lutter avec elles. Il vaut mieux, en effet, retarder d'un an, ou de deux ans même, la création des membres du dessus, que de risquer, par trop de précipitation, la ruine des secondaires inférieures, auxquelles leur position donne un grand désavantage.

Cinquième taille. — Sixième année de plantation. — C'est uniquement la répétition de toutes les opérations qui ont été pratiquées pendant la quatrième ; seulement, lorsque l'arbre est bien constitué, on peut, à la fin de mai ou dans les premiers jours de juin, s'occuper de la création des branches supérieures. M. Lepère les forme toutes à la fois de la manière suivante, que nous adoptons.

Il fait choix, sur le dessus de chaque branche mère, de trois branches à fruits; plus elles ont reçu de tailles, mieux elles valent pour l'usage auquel on les destine, parce que la séve éprouve plus de difficultés pour s'élever au travers de leur base; chacune d'elles doit prendre naissance un peu au-dessous de l'insertion des branches inférieures, afin qu'il n'y ait pas, entre la première de l'aile gauche et la première de l'aile droite, un vide trop grand, que leurs petites branches auraient peine à remplir. Ensuite, la branche supérieure du dessus de chaque branche mère, devrait être maintenue trop courte, si son insertion était plus élevée que celle de la branche *D*. Le choix fait, on supprime, sur ces branches, les bourgeons inutiles et tout ce qui surpasse le bourgeon de chaque branche chargée de prolonger la branche mère; le développement de ce bourgeon est ensuite surveillé et maintenu par le pincement dans une limite convenable.

Sixième taille. — Septième année de plantation. — La fig. 1, pl. VI, représente l'aile droite *A'* du pêcher; la gauche est pareille. On voit qu'elle porte trois branches supérieures *E*, qui sont celles qui ont été formées l'année précédente par la taille en vert. Nous avons déjà dit plusieurs fois comment il fallait tailler les branches de la charpente et les petites branches précédemment nées; nous n'avons qu'à indiquer le traitement des nouvelles branches *E* qui vont recevoir leur première taille. On coupe leur rameau plutôt court que long sur un œil de devant ou sur un faux rameau, s'il s'en est formé. Ici la taille a lieu en *f*. On taille ensuite toutes les productions qui garnissent leur arête sur deux ou trois yeux pour en faire des branches à fruits. On palisse ces branches un peu obliquement, et l'on attache, plus ou moins serrées, les productions qui les garnissent, selon le besoin, en ayant le plus grand soin toutefois de les palisser successivement au fur et à mesure de leur développement. Ce soin est plus essentiel encore à l'égard du bourgeon de prolongement dont la position presque verticale l'excite à s'emporter. Si quelques productions avaient des boutons à fleurs, on taillerait sur un œil de pousse au-dessus d'eux, et, dès le début de la végétation, on supprimerait tous les bourgeons naissant entre les fleurs et l'insertion de la branche, à l'exception des deux plus bas qu'il faut réserver pour le remplacement. Il va sans dire que le pincement doit être pratiqué, selon le besoin, sur le bourgeon de pousse et sur les faux bourgeons qui s'y ouvrent souvent.

Les septième et huitième tailles ne diffèrent en rien de la sixième. La fig. 2, pl. VI, montre l'aile droite du pêcher arrivé à sa formation complète, et qui vient de recevoir la huitième taille, qui la termine.

On voit, par la pensée, qui se représente l'aile gauche pareille, que ce pêcher forme un parallélogramme allongé et régulier, et que les pointes des branches mères *A A'* et celles des six branches secondaires supérieures *E*, arrivent sur une même ligne horizontale ; on voit également que les trois branches inférieures *B*, *C*, *D* de chaque aile, se terminent aussi sur la ligne d'aplomb, supposée descendre directement à terre, en partant de la pointe de la branche mère. On compte l'âge du pêcher par les tailles qu'a reçues la branche mère ; ces tailles sont indiquées sur la figure par des chiffres arabes.

Lorsque l'on est parvenu à établir ainsi un pêcher, il faut le tailler chaque année pour lui conserver cette forme, pour assurer la production des fruits et enfin pour prolonger, autant qu'il est possible, la longévité de l'arbre. Nous allons exposer les moyens d'arriver à ce résultat.

Observations sur la conduite du pêcher après la huitième taille, qui complète sa forme. — La taille des branches charpentières du pêcher en espalier *carré* doit être considérée sous deux points de vue différents : 1° celle des deux branches mères *A* et *A'*, et des branches secondaires *B*, *C*, *D*, de chaque aile ; 2° celle des six branches supérieures *E*.

La fig. 2, pl. VI, nous montre un pêcher qui a reçu huit tailles ; elles se comptent sur les branches mères, où elles sont indiquées par des chiffres. Les branches *B*, formées après celles-ci, en comptent sept ; ensuite, les branches *C*, six ; les branches *D*, cinq ; et, enfin, les branches supérieures *E*, formées toutes à la fois, deux ans après, n'en ont reçu que trois Elles vont continuer à pousser, après chaque taille subséquente ; et une fois qu'elles auront rempli l'espace qu'elles doivent occuper, il ne leur sera plus possible d'être allongées au delà.

Lorsque la branche mère d'une aile a atteint le chaperon du mur, la ligne que ne doivent plus dépasser les branches *B*, *C*, *D*, est celle qui serait tirée d'aplomb de la pointe de cette branche à terre. Tant que la branche mère ne touche pas au chaperon, sa taille et celle de ses trois secondaires inférieures, se pratiquent absolument comme nous l'avons dit pour les 4e, 5e, 6e, 7e et 8e tailles.

A partir de ce moment, il n'y a d'autre moyen à employer chaque année, que de descendre la taille des quatre branches *A*, *B*, *C*, *D*, sur un rameau convenablement disposé pour reformer une nouvelle pointe. Après avoir coupé tout ce qui le surmonte, on le taille lui-même sur un œil latéral, qui devient terminal par cette coupe, et dont le développement, palissé selon le besoin, constitue le sommet renouvelé de la branche, et donne naissance à de jeunes productions. Chez nous, où le pêcher n'a qu'une vigueur modérée, il importe de concentrer la séve ; c'est pourquoi il ne faut pas toujours attendre que la branche mère atteigne le chaperon, pour fixer la limite de son étendue ; les branches inférieures pourraient s'appauvrir.

Quant aux branches secondaires *E*, il faut, à la taille en sec, descendre la coupe sur un rameau que l'on taille lui-même sur un œil de pousse, dont le développement reformera leur pointe ; le rameau choisi sera redressé et palissé immédiatement, aussi serré que possible, ainsi que son prolongement, au fur et à mesure de sa croissance. Toutes ces branches, au moment où elles viennent d'être taillées, doivent être éloignées, à compter de leur sommet, de 30 à 35 centimètres du chaperon ou de la ligne horizontale à laquelle elles doivent atteindre.

La position presque verticale de ces trois branches donne à leur œil de pousse une vigueur exorbitante, qu'il faut modérer autant que possible par le pincement ; et chaque fois que l'un des bourgeons vient toucher le chaperon, on le rabat, par la taille en vert, sur un faux bourgeon inférieur qu'on redresse et palisse comme nous l'avons dit pour le rameau. Il ne faut pas craindre d'appliquer plusieurs fois cette taille en vert à la même pointe pendant la végétation, mais alors il faut toujours la faire précéder du pincement.

Si, malgré l'emploi récidivé de la taille en vert, on était encore dominé par la vigueur extraordinaire d'une de ces branches, il faudrait, à la taille en sec suivante, la rabattre sur une petite branche choisie à sa base. On taille celle-ci sur un rameau disposé convenablement, et on redresse et palisse selon le besoin.

L'ébourgeonnement et le pincement s'opèrent continuellement sur ces trois branches *E*; et autant sur le bourgeon de prolongement que sur les petites branches dont elles sont garnies. On supprime deux bourgeons sur trois, résultant d'yeux triples, et un sur deux provenant d'yeux doubles, productions assez communes sur ces branches. Cet ébourgeonnement évite la confusion et concourt à modérer la végétation. Quant aux autres bourgeons, on les palisse dès qu'on le peut; s'ils prennent encore trop de force, on les pince; et, s'il en résulte des faux bourgeons, on les pince, à leur tour, à moitié de leur longueur, sauf à retrancher plus tard les onglets par la taille en vert. Il faut bien se garder d'ébourgeonner les faux bourgeons, parce que c'est à cette mauvaise pratique qu'on doit attribuer les vides qui se remarquent sur de certains pêchers.

Quant aux branches à fruits, toutes les opérations qu'elles exigent après la formation complète du pêcher, sont les mêmes que celles que nous avons précédemment décrites en détail; et il n'y a rien à y ajouter.

Tels sont les soins que réclament les tailles ultérieures du pêcher en espalier *carré*. Les explications que nous avons développées touchant cette forme, suffiraient, à notre avis, pour exécuter toutes celles auxquelles on voudrait le soumettre; et nous pourrions terminer ici ce qu'il importe de savoir pour la conduite de cet arbre précieux, si nous ne pensions pas être agréable à nos lecteurs, en décrivant succinctement quelques autres formes, pour prouver qu'avec nos principes, on peut faire du pêcher tout ce qu'on veut.

II. — *Taille du pêcher à la Montreuil.* — D'après tout ce que nous avons dit du pêcher, nous pourrions ne rien ajouter; car, avec un peu d'intelligence, on parviendrait aisément à exécuter toutes les formes imaginables. Nous nous bornerons donc, dans ce qui va suivre, à l'indication pure et simple de ce qu'il faut faire pour arriver à la forme voulue sans répéter les moyens à employer.

L'ancienne taille, qui pourtant a fait la réputation de Montreuil, près de Paris, est aujourd'hui abandonnée, et les cultivateurs de ce pays l'ont modifiée de la manière suivante: La fig. 1re de la pl. VII en représente la charpente. On y ajoutera, par la pensée, les petites branches qui doivent en garnir l'arête.

Pendant la première année de plantation, on forme les branches mères n° 1. A la taille en sec de la deuxième année de plantation, qui constitue la première taille, on coupe en *a* ces deux branches mères, à une longueur de 25 à 30 centimètres, sur un œil de prolongement placé en dessus, lequel est immédiatement suivi d'un œil en dessous, pour former la branche secondaire n° 2. A la deuxième taille, on coupe en *b* les deux branches mères n° 1, à 45 centimètres de la secondaire n° 2, et l'on asseoit cette coupe sur deux yeux, l'un en dessus, l'autre en dessous, pour former la deuxième secondaire n° 3, qui devra séparer en deux parties égales l'intervalle existant entre les pointes 1 et 2. On taille cette dernière également en *b*, pour la première fois, d'une longueur proportionnée à celle de la branche mère, et l'on fait développer sur elle une patte ou branche tertiaire 3', pour garnir le dessous et y appeler la séve par ses productions vertes.

A la troisième taille, on coupe en *c* les pointes des quatre branches formées sur un œil convenablement choisi pour les prolonger. On leur laisse une longueur proportionnée à leur force et à leur équilibre, et raisonnée de façon à ce qu'elles soient suffisamment pourvues de séve.

La quatrième taille se fait en *d* sur les pointes des quatre branches, dans le but unique de les prolonger. Pendant la végétation, on forme la première secondaire supérieure n° 4, en choisissant, comme nous l'avons dit pour la taille carrée, une branche à fruits placée au milieu de l'intervalle qui sépare les branches inférieures 3 et 2.

La cinquième taille a lieu en *e* pour le prolongement des cinq branches existantes, et l'on forme, dans le cours de la végétation qui la suit, la deuxième supérieure n° 5. On la choisit ayant son insertion le plus rapprochée possible de celle de la branche mère n° 1.

A la sixième taille, on coupe en *f*, sur un œil propre à les prolonger, toutes les branches de la charpente, et l'on fait développer, sur la secondaire supérieure n° 5, une patte ou branche tertiaire n° 6, dont on prend l'insertion aussi bas que possible.

Dans cet état, la formation est complète, et toutes les pointes des branches forment sur le mur un arc de cercle allongé, représentant un éventail très-ouvert.

Nous n'avons sans doute pas besoin de dire que le palissage, l'ébourgeonnement, le pincement, la taille en vert et le remplacement des branches à fruits jouent le même rôle que dans la taille en espalier carré, et que les opérations de chaque printemps, qui succèdent à cette formation, se règlent et s'effectuent selon les principes précédemment indiqués.

III. — *Taille du pêcher en* U. — Cette taille est encore une de celles que nous recommanderons particulièrement pour notre Belgique. C'est une application au pêcher de la forme que M. Fanon de Crépy avait imaginée pour le poirier.

On débute au printemps qui suit la plantation, comme dans les formes précédentes, par faire développer deux rameaux destinés à devenir deux branches parallèles *A* (fig. 2, pl. VII, qui ne représente aussi que la charpente de cette forme). Nous répéterons, pour la dernière fois, que le travail des petites branches ou branches à fruits est constamment le même, quel que soit le port de l'arbre; nous ne nous en occuperons donc plus dans ce qui nous reste à dire du pêcher.

A la première taille, le jeune arbre a ses deux bras disposés comme pour la forme carrée ou à la Montreuil. Mais il ne s'agit pas ici d'en faire deux mères branches ; ils n'ont d'autre mission que de devenir chacun de son côté la branche horizontale la plus inférieure *A*, qu'on établit à environ 60 centimètres du sol. On les incline à l'angle de 60 degrés, se réservant de les descendre successivement aux tailles suivantes. On les palisse dans cette position, après en avoir taillé le rameau terminal à une longueur égale, en asseyant la coupe sur un œil de devant. Cette taille est proportionnée au développement qu'ont pris les deux rameaux, et on ne risque absolument rien de l'allonger autant que possible, sans nuire toutefois au bon état des yeux de leur base.

Au moment de la deuxième taille, qui a lieu à la troisième année de plantation, le jeune arbre présente un cordon de chaque côté du tronc et sur la même ligne. Ces deux cordons sont garnis en dessus de rameaux à fruits. On choisit parmi eux un rameau placé vers leur base et éloigné de 25 à 27 centimètres du centre de l'arbre que nous indiquons ici par la ligne verticale ponctuée, qui coupe son tronc en deux, afin que, lors de la formation complète, les deux branches tiges aient entre elles un intervalle de 60 centimètres environ. Pour donner le temps à la branche A, d'acquérir une force convenable, et d'y ouvrir de larges canaux à la séve, on forme la branche *B* en deux ans. La première année on lui donne une longueur égale à la moitié de la distance qui doit séparer les deux étages. Celle-ci doit être de 50 centimètres ; c'est donc à 25 centimètres environ qu'on la coupe sur un œil de devant, autant que possible. On la palisse dans la position verticale qu'elle doit toujours occuper, et l'on surveille son développement par tous les moyens de contrainte que nous avons précédemment indiqués.

On taille la branche A aussi long que sa force le permet, et on la palisse en la descendant autant que cela se peut.

A la troisième taille, l'arbre présente les deux cordons parallèles formés par les branches A et par les branches *B*, plus ou moins développées, et que l'on a eu soin, aussitôt que leur prolongement a dépassé la distance qui doit séparer les deux cordons, de courber un peu, et juste à ce point, où on les assujettit par une ligature solide. A partir de là, on a dirigé également leur sommet vers un angle oblique de 60 degrés. Les branches A sont taillées, pour la troisième fois, sur un œil de devant, destiné à les prolonger. Les branches *B* le sont, pour la deuxième fois, de la même manière et dans le même but. Comme nous l'avons dit à la deuxième taille, on choisit, à leur base, une branche à fruits convenablement placée pour constituer la branche *C*, que l'on forme par des moyens absolument semblables à ceux qui ont été employés pour elles.

La quatrième taille a lieu sur les pointes des branches *A* et *B*, pour les prolonger, et sur la branche *C*, comme nous venons de le dire pour celle *B*. La formation du quatrième cordon, ou branche *D*, s'opère ainsi qu'il a été expliqué pour les branches *B* et *C*.

A la cinquième taille, l'arbre présente trois cordons uniformes de chaque côté, plus le quatrième *D*, déjà courbé, et dont le rameau de prolongement est taillé pour la seconde fois sur un œil qui en continuera la pousse. Le reste de la taille de cette année est la répétition de celle de la précédente.

L'U a, au moment de la sixième taille, une profondeur de 1 mètre 50 centimètres; son ouverture est de 60 centimètres. Chaque aile a les quatre cordons *A*, *B*, *C*, *D* formés, plus le rameau destiné à devenir le cinquième cordon ou branche *E*, s'élevant de chaque côté à la base de la branche *D*. Cette taille s'opère identiquement comme la cinquième.

A la septième taille, on opère sur les pointes des cinq branches de chaque côté, pour les prolonger; on les abaisse toutes sur la ligne horizontale qu'elles doivent occuper; et la formation est complète.

L'U a conservé l'ouverture de 60 centimètres; sa profondeur est de 2 mètres. La branche *A* est à 60 centimètres du sol, et les autres branches ont chacune entre elles 50 centimètres de distance. Il en résulte que le cinquième cordon, formé par la branche *E*, a assez d'espace, le mur ayant 3 mètres, pour le palissage de ses petites branches, que le chaperon concourt à modérer.

On vient de voir que la forme en U ne présente aucune difficulté sérieuse, et que les branches se forment toutes par le même moyen, à l'aide du développement d'une branche à fruits, prise sur l'arcure de la branche qui la précède. On peut arriver au même résultat, en taillant chaque année les deux rameaux, base de la charpente, et dont, dans ce cas, on fait deux branches mères, sur un œil de devant pour les prolonger verticalement ; et sur un œil en dessous, immédiatement après lui, pour former, l'une après l'autre, chacune des branches latérales à droite et à gauche.

Cette méthode rend peut-être plus régulières les deux branches de l'U, mais la direction plus droite qu'elles lui doivent, est un désavantage ; car elle facilite l'ascension de la séve, que les irrégularités de la formation à laquelle nous donnons la préférence, arrêtent au contraire. Au reste, cette forme garnit bien un mur, et l'équilibre de la végétation est assez facile à maintenir, parce qu'il n'y a en tout que 4 mètres de branches verticales, contre 40 mètres de branches horizontales, chacun des 10 cordons ayant une longueur de 4 mètres.

Il est bien entendu que tous ces cordons sont régulièrement garnis de branches à fruits, ainsi que l'intérieur de l'U, ce qui différencie cette forme de celle qui a reçu le nom de *double palmette*, et dont les montants verticaux plus rapprochés restent nus en dedans.

Les chiffres arabes, placés sur notre figure, indiquent l'ordre des tailles et faciliteront l'intelligence de nos explications.

IV. — *Taille du pêcher à cordons horizontaux.* — La fig. 3 de la pl. VII représente la charpente de pêchers disposés sous cette forme, tels que nous les avons vus, à Montreuil, chez M. Lepère.

Chaque pêcher est planté à 4 mètres de celui qui le précède et de celui qui le suit. Les deux pieds qui terminent l'espalier, n'ont de cordons que d'un côté : le nº 1 à droite, le nº 2 à gauche. Tous les intermédiaires ont des cordons de chaque côté.

Voici comment on conduit simultanément tous ces arbres. En plantant, on coupe la greffe sur un œil de devant, pour que la tige soit d'un aspect plus régulier. On conserve tous les yeux placés au-dessous du terminal, excepté ceux de devant et de derrière.

A la première taille, on coupe toutes les flèches sur un œil de devant ou sur un faux rameau convenablement placé et taillé à son tour, de manière à pourvoir au prolongement de la tige, et à trouver immédiatement au-dessous et à gauche, en regardant l'espalier, un œil propre à former le cordon A à 50 centimètres du sol. Dès que celui-ci peut être attaché, on le palisse horizontalement quant à sa base, afin de n'éprouver plus tard aucune difficulté, et l'on redresse plus ou moins son sommet, selon le besoin. Il ne s'agit plus que de surveiller le développement de chaque flèche et de lui opposer, pour l'empêcher de nuire au cordon *A* les moyens que nous avons indiqués.

La deuxième taille est la répétition de la première, excepté qu'au lieu de former les cordons A à gauche, on taille de façon à former les cordons *B* à droite, et à 45 centimètres seulement au-dessus et à l'opposé de ceux déjà établis. Cette distance est de rigueur pour le palissage des petites branches.

A la troisième taille, on opère de la même manière pour constituer les rameaux *C* ; à la quatrième, les branches *D*; à la cinquième, les branches *E*, et à la sixième enfin, on achève la formation complète des six cordons. Pour cela, dès que le sixième *F* a atteint sa distance, on a commencé à le courber vers la droite. A cette taille, on achève de le descendre sur la ligne horizontale qu'il doit occuper, et on taille son extrémité sur un œil de devant pour la prolonger. Quant au pêcher n° 2, qui clôt l'espalier à droite, il se termine par le cordon *E*.

On ne taille les cinq premiers cordons A à *E*, que lorsqu'ils viennent toucher la tige du pêcher vers lequel ils sont dirigés. Jusque-là on les laisse se prolonger par le développement annuel de leur œil terminal naturel.

Quand la formation est complète, et que tous les cordons

atteignent le tronc des pêchers voisins, on les taille chaque année, pour renouveler leur pointe, soit sur un rameau, soit sur un faux rameau, qu'on taille, à son tour, sur un œil de devant. Les petites branches ou branches à fruits, sont toujours traitées comme de coutume.

Cette forme, qui est très-agréable à l'œil et qui garnit parfaitement un mur, est très-difficile à exécuter; et nous ne la conseillons pas pour la Belgique. La plus grande difficulté est dans la formation des cordons à une hauteur égale; car, lorsque l'on conduit ainsi dix pêchers, comme M. Lepère l'a fait, il est assez rare de trouver, sur tous, des yeux convenablement placés pour former des cordons réguliers. Aussi croyons-nous bien faire de citer ici les paroles de M. Lepère, sur les moyens qu'il emploie pour lever cet obstacle:

« Lorsque, ainsi que je viens de le dire, il n'existe pas un œil disposé convenablement, ni un rameau qu'on puisse tailler dans le même but, je cherche au-dessous un autre rameau ou un faux rameau qui puisse y suppléer. En le redressant, il arrive qu'il se trouve à la hauteur voulue et que, taillé à propos, il devient le cordon dont j'ai besoin. Ce moyen, fort simple, et qui peut être employé pour la formation de chacun des autres bras, me réussit assez bien. D'ailleurs, à mesure que le cordon se développe, la manière dont il est palissé rétablit la précision, car on conçoit qu'on peut ainsi dissimuler quelques centimètres.

« Enfin, lorsque aucune de ces conditions ne paraît devoir se réaliser, je pose, dans le courant d'août, avant la suspension de la séve, un écusson à œil dormant, à la place où doit être formé le cordon, afin de porter la coupe au-dessus de lui à la taille suivante. »

V. — *Taille du pêcher en candélabre.* — Si nous avons dit, à l'occasion des pêchers dressés en cordons horizontaux, que nous ne conseillons pas cette forme pour notre pays, à plus forte raison celle-ci y est encore moins convenable. Elle exige une trop grande surveillance, abrége la durée des arbres, et met trop de temps à garnir l'espalier.

Nous l'avons toutefois fait figurer pour en donner l'idée,

et nous allons la décrire succinctement. (*Voyez* la fig. 4, pl. VII.)

On forme, sur un jeune pêcher, deux branches mères *A* comme pour la taille carrée. On les fait croître en V très-ouvert; on ne les taille pas; on les laisse se développer par le prolongement successif de leur œil terminal naturel; mais on taille convenablement les productions dont elles se garnissent en dessus et en dessous. A la deuxième année, on utilise un des rameaux de dessous pour en former une secondaire inférieure *B*, dont le développement s'opère de la même façon que la branche mère.

Chaque année on abaisse celle-ci progressivement vers la ligne parfaitement horizontale; on taille toutes ses productions et l'on maintient l'équilibre entre les deux ailes, en tenant plus ou moins relevée l'extrémité des deux branches mères. Lorsque ces ailes ont atteint une longueur égale (que M. Lepère a portée à 7 mètres pour chacune; ce qu'il a obtenu la sixième année), on redresse verticalement la pointe des deux branches mères, dont on modère la croissance par le pincement, afin d'en augmenter le volume. Quant aux deux secondaires inférieures, on arrête leur prolongement au point où les branches mères ont leur extrémité redressée.

A la huitième année, temps nécessaire à la bonne organisation des branches mères et de leurs secondaires, on forme, sur le dessus de chacune des deux premières, sept branches verticales supérieures, également espacées, et résultant de la taille de branches à fruits choisies à cet effet. Cette forme est alors complète et exige une surveillance assidue, surtout pour le maintien des branches supérieures, qu'il faut traiter, comme nous l'avons dit dans la taille carrée pour les secondaires du dessus.

CHOIX DES MEILLEURS PÊCHERS

A CULTIVER EN BELGIQUE ET DANS LE NORD DE LA FRANCE.

Alberge Jaune. Pêche Jaune. Saint-Laurent. Arbre moyen, très-fertile; pour les terres substantielles. Fruit moyen, jaune, d'un rouge foncé aux endroits frappés du soleil; de première qualité; fin d'août.

Belle-conquête (de Bavay). Arbre assez vigoureux et très-fertile, qui réussit assez bien en plein vent dans les terres chaudes et abritées. Fruit très-gros, quand l'arbre est élevé en espalier; blanc jaunâtre, rayé de rouge clair; de première qualité; mi-août.

Belle-garde. Galande. Grosse noire de Montreuil. Arbre très-grand et très-fertile dans le terrain qui lui convient. Fruit gros, teint d'un rouge pourpre et brun noir du côté du soleil; de première qualité; commencement de septembre.

Belle-Bausse. (C'est une variété perfectionnée de la grosse Mignonne.) Arbre fertile et très-vigoureux, qui réussit quelquefois en plein vent dans les terres chaudes, à bonne exposition. Fruit très-gros, rouge brun du côté du soleil, vert jaune partout ailleurs; de toute première qualité; commencement de septembre.

Belle de Vitry. Admirable tardive. Arbre vigoureux et fertile. Fruit très-gros, vert du côté de l'ombre, rouge clair marqué d'un rouge plus intense du côté du soleil; de toute première qualité; mi-septembre.

Bourdine. Incomparable de Narbonne. Arbre vigoureux et fertile, qu'on peut essayer en plein vent à bonne exposition. Fruit gros, quand il est produit par un espalier; d'un beau rouge foncé; de première qualité; fin de septembre.

Chancelière. (Variété de la Chevreuse.) Arbre vigoureux et fertile. Fruit gros, un peu mamelonné, d'un beau rouge du côté du soleil; de première qualité, fin de septembre.

Chevreuse hâtive. Arbre très-vigoureux et très-fertile. Fruit gros, bordé de deux lèvres dont une est plus élevée que l'autre; jaune du côté de l'ombre et rouge vif du côté du soleil; de première qualité; commencement de septembre.

Grosse violette. Violette de Courson. Arbre assez vigoureux, très-productif. Fruit gros, d'un violet obscur du côté du soleil; de première qualité; mi-septembre.

Jaune hâtive de Prusse. Arbre moyen, peu vigoureux; pour les terres chaudes. Fruit gros, jaune doré, presque toujours sans tache; de première qualité; mi-août.

Madelaine blanche. Arbre vigoureux et pour lequel on recommande tout particulièrement l'emploi des auvents; car les gelées printanières endommagent le plus souvent ses fleurs. Fruit gros, entièrement blanc jaunâtre, si ce n'est du côté du soleil, où il est légèrement fouetté de rouge; de toute première qualité; fin d'août.

Madelaine blanche de Loisel. Arbre vigoureux et fertile. Fruit gros, blanc jaunâtre, frappé de rouge du côté du soleil, rond ou aplati, ayant la chair entièrement blanche, même autour du noyau, et la gouttière très-peu profonde; de toute première qualité; commencement de septembre.

Madelaine rouge. Arbre vigoureux et moins sensible aux gelées que le précédent. Fruit moyen, d'un vert violacé et rouge pourpre du côté du soleil; de première qualité; août.

Madelaine de Courson. (C'est à tort que Noisette confond cette variété avec la Paysanne, qui est un petit fruit peu estimable.) Arbre vigoureux faisant beaucoup de bois. Fruit gros, d'un très-beau rouge du côté du soleil; de première qualité; mi-septembre.

Malte. Belle de Paris. (Variété de la Madelaine blanche). Arbre assez vigoureux et fertile, qu'on peut essayer en plein vent à une bonne exposition. Fruit moyen en plein vent, assez gros en espalier; d'un vert clair à l'ombre et marbré de rouge du côté du soleil; de première qualité; commencement de septembre.

Mignonne hâtive. Petite Mignonne. Petite précoce. Double de Troyes. Arbre moyen, vigoureux. Fruit semblable à celui de la grosse mignonne, mais plus petit; de première qualité; mi-août.

Mignonne ordinaire. Grosse Mignonne. Arbre vigoureux et très-fertile, qui réussit assez bien en plein vent à bonne exposition. Fruit gros, d'un rouge brun foncé du côté du soleil; d'un vert jaunâtre dans la partie ombragée; de toute première qualité; fin d'août.

Pourprée hâtive de Du Hamel. Arbre vigoureux et fertile, qui ne réussit cependant jamais en plein vent en Belgique. Fruit gros, tantôt rond, tantôt allongé, d'un rouge vif du côté de l'ombre, et d'un rouge pourpré du côté du soleil; de première qualité; mi-août.

Pucelle de Malines. (Espereu). Arbre fertile et assez vigoureux; pour les terres chaudes, légères et substantielles. Fruit gros, d'un rouge plus ou moins intense du côté du soleil; de toute première qualité; commencement de septembre. C'est une des meilleures pêches que nous connaissions.

White blossom. (Variété américaine.) Arbre vigoureux. Fruit gros, blanc jaunâtre; de première qualité; septembre.

Pêche drap d'or. (D'Avoine.) Arbre de moyenne force, et qui paraît devoir être fertile. Fruit gros, arrondi, à peau d'un jaune doré, d'où son nom; chair délicate, sucrée et des plus vineuses; de toute première qualité; mi-septembre.

Comme on le voit, la saison des pêches, en Belgique, n'est guère longue pour les personnes qui tiennent aux variétés qui y réussissent le mieux. A celles qui voudraient étendre cette saison, nous conseillerons la culture de *l'avant-pêche blanche*, qui mûrit vers la mi-juillet et de *l'avant-pêche rouge*, qui mûrit vers le commencement d'août. Si ces variétés n'ont pas le mérite d'être de première qualité, elles ont celui de la précocité; et sous notre climat, ce n'est pas un avantage à dédaigner. Ces arbres sont maigres et peu vigoureux; aussi ne les plante-t-on qu'à trois ou quatre mètres de distance, et toujours au midi. Leur fruit, petit et arrondi, est sucré, un peu musqué ou parfumé, mais peu relevé.

Dans les bonnes années, c'est-à-dire dans les étés chauds, les variétés suivantes réussissent assez bien sous notre climat :

Abricotée. Admirable jaune. Grosse jaune. Arbre vigoureux, peu fertile; pour les terres chaudes. Fruit gros, jaune, un peu taché de rouge du côté au soleil; mi-octobre.

Chevreuse tardive. Bon ouvrier. Arbre vigoureux et très-fertile. Fruit gros, bordé de deux lèvres terminées par un mamelon; verdâtre du côté de l'ombre et d'un très-beau rouge du côté du soleil; septembre.

Madelaine rouge tardive. à moyennes ou à petites fleurs. Arbre vigoureux et très-fertile. Fruit moyen, très-rouge; de toute première qualité dans les pays plus méridionaux; chez nous souvent farineux; fin de septembre.

Pêche Lepaire. (Gain de Montreuil.) Arbre vigoureux et rustique. Fruit gros, obrond, d'un pourpre noir très-intense du côté du soleil; jaune pâle pointillé de pourpre du côté opposé, duveteux; ne tombant pas à la maturité; bon à être transporté; fin de septembre.

Teton de Vénus. Arbre assez vigoureux et fertile; pour les terrains chauds et légers. Fruit gros, souvent très-gros, ne prenant pas beaucoup de couleur du côté du soleil; la partie ombragée est jaune pâle; ordinairement surmonté d'un gros mamelon; fin de septembre.

Sanguine à gros fruit. Arbre assez fertile, vigoureux sans être grand; pour les terrains légers et chauds. Fruit gros, à chair rouge; fin de septembre.

Afin d'assurer la maturité de ces six variétés, on aura l'attention de les planter au midi.

DEUXIÈME SECTION.

De l'abricotier.

L'abricotier, originaire de l'Arménie, est encore plus précoce que le pêcher, aussi redoute-t-il davantage les gelées du printemps qui surviennent après quelques beaux jours. C'est pourquoi nous conseillerons de ne le cultiver chez nous qu'en espalier, où l'abri du mur, de son chaperon et d'auvents mobiles, pourra le garantir des intempéries accidentelles dont le moindre inconvénient est d'anéantir la récolte.

Ce n'est pas que nous ignorions que ses fruits n'acquièrent véritablement toutes leurs qualités que sur les arbres en plein vent; car, outre la chaleur, il leur faut une grande masse d'air. Mais cet arbre réussit mal, sous notre climat, en pyramide et à haut vent, et nous ne pouvons en espérer des produits que par la culture en espalier. Nous ajouterons encore à cette recommandation celle de lui donner l'exposition du couchant. Ce conseil peut paraître bizarre; toutefois on cessera de s'en étonner, si l'on réfléchit que cette exposition, tout en le rendant plus tardif, le soustrait à la visite matinale du soleil, principale cause de la destruction des fleurs, lorsqu'il les frappe après une gelée blanche. Il en est autrement si la gelée blanche ou le givre peut fondre peu à peu hors de la présence du soleil. Une autre raison encore, c'est que l'abricotier est sujet à être frappé d'apoplexie; mais cet accident, assez commun en plein midi, ne se montre pour ainsi dire jamais à l'exposition du couchant.

En France, beaucoup de bons arboriculteurs soutiennent que l'exposition du nord est favorable à l'abricotier, parce qu'elle retarde sa floraison et qu'il n'y périt jamais d'asphyxie. Nous aurions pu également la conseiller, en nous appuyant de l'imposante autorité de M. Royer, de Namur, qui cultive une grande partie de ses abricotiers à cette exposition. Il y trouve l'avantage d'une production régulière et l'agrément de jouir de leurs fruits, quand il n'y en a plus ailleurs. En citant l'exemple d'un pomologue aussi distingué par ses vastes connaissances, nous espérons engager quelques amateurs à suivre cette pratique dont il se loue, et que sa savante expérience recommande à un haut degré.

Dans la plupart de nos provinces, on greffe le plus souvent l'abricotier sur les pruniers de damas blanc ou de gros damas noir. Depuis quelques années, nous le greffons, dans notre établissement, sur myrobolan ; et il nous donne, sur ce sujet, de très-bons résultats et des arbres moins enclins à la gomme, ce qui est un des défauts de l'abricotier. Nous ne conseillons à personne de le greffer sur Saint-Julien, sur amandier ou sur pêcher : ces sujets, presque exclusivement employés par nos voisins les Français, ne conviennent pas à la Belgique ; mieux vaudrait-il se servir de l'abricotier franc, qui est plus rustique.

La végétation de l'abricotier est fort capricieuse. Cet arbre fait quelquefois des pousses considérables, tandis que, dans d'autres années, il végète à peine. Ces pousses se convertissent en rameaux mixtes, c'est-à-dire en rameaux à bois et à fruits. Les boutons à fleur sont multiples, disséminés, ainsi que les yeux, le long des rameaux, dans un ordre alterne, et se façonnent l'année même de la formation du rameau, pour s'épanouir au printemps suivant et donner des fruits. Ils sont quelquefois réunis au nombre de douze à quinze sur de très-petites branches à fruits, qu'on ne taille pas, dans ce cas ; mais il est souvent utile de diminuer le nombre de ces abricots, s'il ne s'est pas restreint de lui-même par la chute de quelques-uns. Leurs fleurs blanches, à calice rouge, s'épanouissent en mars et avril, longtemps avant l'apparition des feuilles ; ce qui les expose sans défense à l'action des intempéries.

On taille l'abricotier, quant aux branches de la charpente, d'après les mêmes principes que le pêcher, sur lequel il a l'avantage de repousser bien plus parfaitement du vieux bois. Il faut le tailler de bonne heure et surtout avant l'épanouissement des fleurs. Il importe de répartir exactement la séve dans toutes les parties de la charpente, et de la débarrasser du bois mort, en coupant dans le vif bien au-dessous du point où elle s'arrête, parce qu'elle a une tendance à descendre assez rapidement de proche en proche. Il est utile de couvrir chaque coupe de cire à greffer. Le pincement et l'ébourgeonnement très-suivis évitent la multiplicité des amputations à la taille; ce qui est une bonne chose. Les branches charpentières doivent être plus rapprochées que dans le pêcher, parce que les branches fruitières des arêtes prennent moins de développement.

L'ébourgeonnement doit porter essentiellement sur les bourgeons doubles et triples. Le pincement doit se faire soigneusement sur les deux ou trois bourgeons qui avoisinent de plus près le terminal de chaque rameau. Ce pincement les met ordinairement à fruits pour l'année suivante; mais son principal but est d'empêcher que leurs yeux terminaux ne se convertissent en petites brindilles de 5 à 15 centimètres de longueur et qui se garnissent d'yeux et de boutons. Ces brindilles, qui se forment dans les abricotiers vigoureux vers la fin de juillet, n'ont pas le temps de s'aoûter et périssent pendant l'hiver. Il en résulte que l'arbre se dénude dans sa partie supérieure.

Dans l'abricotier, ainsi que dans les autres arbres à fruits à noyau, dont il nous reste à nous occuper, il n'est pas question, pour les branches à fruits, de l'opération du remplacement. Elles fructifient plusieurs fois, mais il ne faut pas attendre qu'elles cessent de pousser, pour les rapprocher sur un œil à bois près de leur insertion.

Au reste, il est difficile d'obtenir de l'abricotier une régularité de forme pareille à celle qu'on donne au pêcher, son bois poussant peu parfois et rarement droit. Le palissage doit tendre à le redresser le plus possible; ce qui facilite la circulation de la séve, et prévient d'autant mieux l'envahissement de la gomme.

Il faut plus de précautions encore que pour les pêches, pour découvrir les abricots, afin de compléter leur maturité par le contact du soleil et par une plus grande masse d'air.

Nous avons dit que l'abricotier reperce facilement sur le vieux bois; aussi obtient-on à volonté de jeunes rameaux pour renouveler, au besoin, les branches qui succombent. Cette faculté concourt encore à lui assurer une longue existence, que l'on prolonge par plusieurs ravalements et recepages.

Bien que l'abricotier ne paraisse pas devoir nous donner de bons résultats, sous la forme pyramidale, il peut se trouver des localités privilégiées où l'on pourrait l'essayer. On se conformera, en pareil cas, aux principes que nous développerons en traitant de la pyramide sur poirier.

CHOIX DES MEILLEURS ABRICOTIERS.

H. V. signifie haut vent.
Esp. — espalier.

Alberge de Montgamet. Arbre assez grand, fertile; pour H. V. à très-bonne exposition, et pour Esp. Fruit demi-fondant, très-tendre, moyen, un peu comprimé; de première qualité; août.

Angoumois violet. Arbre moyen et fertile; pour Esp. Fruit petit; de toute première qualité; fin de juillet.

Abricot commun. Arbre très-fertile, le plus grand et le plus vigoureux du genre, se dégarnissant promptement du bas; pour H. V. en plein soleil. Fruit fondant, gros, un peu aplati, rougeâtre, galeux; de première qualité; juillet. Il est plus sûr de cultiver cette variété en espalier, mais alors le fruit est beaucoup moins bon.

De Hollande. Amande-aveline. Arbre fertile, peu élevé; pour Esp. Fruit fondant, petit, arrondi; de première qualité; fin de juillet.

Gros rouge hâtif. Arbre très-vigoureux et fertile; pour H. V. et Esp. Fruit gros, tendre; de première qualité; juillet et août.

Gros précoce. Arbre vigoureux, grand et très-fertile; pour Esp. Fruit fondant, assez gros; de première qualité; commencement de juillet.

Précoce d'Esperen. Arbre moyen, vigoureux, très fertile; pour Esp. Fruit fondant, moyen ou gros, très-aplati; de première qualité; juillet.

Pêche ou **de Nancy.** Arbre fertile, assez grand, très-vigoureux; pour H. V. et Esp. Fruit très-fondant, le plus gros du genre, comprimé; de toute première qualité; août.

Pourret. Arbre assez vigoureux et fertile; pour Esp. Fruit gros; de première qualité; mi-août.

Royal. Arbre fertile et très-vigoureux; pour H. V. et Esp. Fruit fondant, très-gros, plus arrondi que le précédent; de première qualité; août.

TROISIÈME SECTION.

Du prunier.

Le prunier, originaire de l'Asie, est sujet à la gomme comme l'abricotier et le cerisier. Ce n'est que dans les provinces du Hainaut, de Liége et de Namur qu'il réussit généralement en plein vent. Dans les autres, c'est à l'espalier qu'il faut demander ses produits pour les espèces jardinières précieuses, et surtout pour les variétés qui nous viennent de l'Amérique. On lui donne alors l'exposition du couchant, pour les mêmes raisons que celles que nous avons indiquées pour l'abricotier. Quand on le cultive en plein-vent, on doit, pour éviter les effets de nos gelées printanières, le planter dans les endroits du jardin les mieux abrités.

Le prunier se multiplie de boutures, de noyaux et de drageons, sur lesquels on greffe les variétés qu'on désire. Les drageons ont l'inconvénient d'en produire d'autres. Malgré le soin qu'on prend de les détruire, les pieds s'appauvrissent par ces productions inutiles: car leur suppression excite l'activité des racines, pour remplacer les drageons qu'on leur enlève. Il faut donc de préférence greffer le prunier sur *le myrobolan* et *le gros damas noir*, ou sur *la cerisette blanche*, si l'on tient à avoir des arbres moins vigoureux, mais plus productifs. Sur ce dernier sujet, il s'épuise assez promptement.

La végétation naturelle du prunier est telle que les boutons à fleur se forment d'eux-mêmes tout le long des branches à fruits, sans que la taille soit en rien nécessaire pour aider à cette conversion; et l'abondance des fleurs est si considérable que l'arbre ne pourrait suffire à l'alimentation des fruits, si toutes réussissaient ou étaient conservées. Il en résulte que cet arbre exige fort peu de soins à la taille, qui n'a lieu que pour obtenir les rameaux dont on constitue les branches de la charpente; pour rapprocher les lambourdes épuisées, et finalement pour faire naître des rameaux propres à remplir les vides qui se forment parfois. Le pincement et l'ébourgeonnement ne s'opèrent que sur les bourgeons qui menacent de devenir gourmands.

Nous venons de dire que l'espalier est, chez nous, la manière la plus avantageuse de conduire les variétés jardinières du prunier. On peut lui appliquer une des formes que nous avons décrites pour le pêcher, en employant, à l'établissement de sa charpente, les moyens que nous avons indiqués.

Le prunier en pyramide se traite et se conduit comme le poirier, auquel nous renvoyons pour les détails de cette formation, en faisant remarquer toutefois que les branches à fruits du prunier ne présentent pas les mêmes difficultés; qu'elles fructifient pendant une huitaine d'années, et que ce n'est que quand leur production diminue, qu'il faut les rapprocher sur leur insertion pour les renouveler.

Le prunier *à haut vent* ne se taille pour ainsi dire pas, une fois que les bases de sa formation sont établies. Celles-ci sont, en tout, semblables à celles par lesquelles on débute pour appliquer cette forme aux poiriers et aux pommiers. Nous y renvoyons donc. Le prunier se dispose, presque naturellement, en une tête gracieuse et régulière, qu'il suffit de débarrasser du bois mort et des gourmands qui peuvent s'y développer. On parvient facilement à remplir les vides, en taillant les rameaux qui les avoisinent sur un œil de côté, tourné de façon à ce que son bourgeon vienne, en se développant, garnir la place dénudée.

Le prunier n'est pas difficile sur la qualité du terrain, pourvu qu'il ne soit ni glaiseux ni marécageux. Une bonne terre franche légère lui convient mieux qu'aucune autre.

CHOIX DES PRUNIERS

QUI RÉUSSISSENT LE MIEUX EN BELGIQUE ET DANS LE NORD DE LA FRANCE.

H. V. signifie haut vent.
Pyr. — pyramide.
Esp. — espalier.

Les variétés dont les noms sont précédés d'un astérisque, conviennent essentiellement pour pruneaux.

Belle de septembre. Arbre grand, vigoureux et des plus fertiles, manquant rarement de donner ; pour H. V.-Pyr.-Esp. Fruit gros, ovale-allongé, rouge brun ; de toute première qualité ; septembre.

* **D'Agen. Robe sergent.** Arbre vigoureux et très-fertile ; pour H. V. et Pyr. Fruit moyen, violet ; de deuxième qualité pour la table et de première pour pruneaux ; septembre.

Drap d'or d'Esperen. (Esperen.) Arbre assez vigoureux, se mettant tardivement à fruit et alors produisant abondamment ; pour H. V. et Pyr. Fruit fondant, sucré, de la forme de l'Impériale blanche, dont il est une sous-variété, mais moins gros dans toutes ses proportions ; de première qualité ; septembre.

Fellemberg. Prune suisse. Arbre grand et fertile ; pour H. V. et Pyr. Fruit gros, arrondi, violet ou noir, de première qualité ; septembre.

Impériale blanche. Prune-œuf. Arbre vigoureux, productif ; pour H. V. et Pyr. Fruit très-gros, de la forme d'un œuf, jaune clair ; de médiocre qualité ; fin d'août.

Impériale rouge. Arbre très-vigoureux et très-fertile ; pour H. V. et Pyr., manquant rarement de donner. Fruit très-gros, ovale, rouge-pourpre ; de première qualité dans les étés chauds ; septembre.

Impériale violette. Prune-œuf violette. Improprement Ste-Catherine violette. Arbre très-vigoureux et très-fertile manquant rarement de donner ; pour H. V. et Pyr. Fruit très-gros, de la forme d'un œuf, violet clair ; de deuxième qualité ; fin d'août.

Impériale de Milan. Arbre moyen, très-fertile ; pour H. V. et Pyr. Fruit gros, allongé, violet ; de première qualité ; septembre.

Impératrice ou diadème. Arbre vigoureux et fertile ; pour H. V.-Pyr.-Esp. Fruit très-gros, violet foncé ; de première qualité ; septembre.

Mirabelle. Drap d'or. Grosse Mirabelle. Mirabelle double. Arbre peu élevé, très-touffu et assez fertile, qu'il faut tailler court; pour H. V. et Pyr. Fruit petit, arrondi, jaune, piqueté de rouge du côté du soleil; de toute première qualité; mi-août. Variété précieuse pour confitures.

Mirabelle blanche. Petite Mirabelle. Arbre de la même nature et de la même culture que le précédent, mais beaucoup plus fertile. Fruit plus petit, ovale-arrondi, jaune piqueté de rouge du côté du soleil; de première qualité, surtout pour les confitures et les compotes; mi-août.

Monsieur. Gros-surpasse. Surpasse-Monsieur. Arbre très-vigoureux et très-fertile, manquant rarement de donner; pour H. V. et Pyr. Fruit de grosseur moyenne, arrondi, d'un beau violet foncé; deuxième qualité; septembre.

Monsieur jaune. Cet arbre, qui est une hybride de la prune Monsieur et de la reine-Claude, est vigoureux et fertile; pour H. V. et Pyr. Fruit assez gros, arrondi, jaune, piqueté et marbré de pourpre; de première qualité; août.

Montfort. Prune de Montfort. Arbre vigoureux et très-fertile; pour H. V.-Pyr.-Esp. Fruit demi-fondant, gros, violet pâle d'un côté, violet noir de l'autre; de toute première qualité; septembre.

* **Quëtsche. Koëtsche d'Allemagne.** (En Belgique, improprement **Altesse.**) Arbre vigoureux et très-productif ne manquant presque jamais; pour H. V. Fruit moyen, long, renflé au milieu, d'un violet roussâtre; de première qualité pour pruneau; septembre.

* **Quëtsche. Koëtsche d'Italie.** Arbre moins vigoureux, mais aussi fertile que le précédent; pour Pyr. Fruit gros, ovale, d'un violet noir; de toute première qualité; fin de septembre-octobre.

Reine blanche. (Galopin.) Arbre vigoureux et très-fertile; pour H. V.-Pyr.-Esp. Fruit de moyenne grosseur, arrondi, d'un blanc de cire; de première qualité; août.

Reine-Claude verte. Abricot vert. Reine-Claude verte tiquetée. Verte-bonne. Arbre vigoureux, très-fertile dans les jardins abrités et dans les terres chaudes; peu productif dans les sols froids et sans abri; pour H. V.-Pyr.-Esp. Fruit fondant, moyen en plein vent; plus gros et moins bon en espalier; rond, vert piqueté de violet ou lavé de rouge; de toute première qualité; août.

Reine-Claude violette. Arbre grand et fertile manquant rarement de donner; pour H. V. et Pyr. Fruit semblable au précédent, mais violet et moins fondant; de première qualité; août.

Reine-Claude de Bavay. Arbre très-vigoureux et fertile; pour H. V.-Pyr.-Esp. Fruit fondant, musqué, sucré, ovale, très-gros quand l'arbre a pris un certain développement, d'un jaune vert plus ou moins intense, selon le degré de maturité; un peu piqueté de violet et fortement marbré de rouge; de toute première qualité dans les terres chaudes; mi-septembre.

Reine-Claude rouge de Van Mons. Reina nova. Arbre vigoureux, fertile; pour H. V.-Pyr.-Esp. Fruit très-gros, ovale, rouge, rouge plus intense du côté du soleil; de première qualité; septembre.

* **Ste-Catherine. Ste-Catherine jaune.** (Cette variété est peu connue en Belgique; on y cultive, sous le premier de ces noms, l'*Impériale violette.*) Arbre vigoureux et des plus productifs, réussissant toujours bien dans les terres chaudes; pour H. V. et Pyr. Fruit fondant et délicat, moyen, allongé, d'un jaune doré; de toute première qualité cru, quand il est bien mûr; septembre.

Violette de Galopin. Arbre vigoureux et fertile; pour H. V. et Pyr. Fruit de moyenne grosseur, arrondi, noir violet; de première qualité; septembre.

PRUNIERS D'ESPÈCES AMÉRICAINES

ET ANGLAISES,

A CULTIVER EN ESPALIER AU COUCHANT OU TOUT AU MOINS EN PYRAMIDE A UNE EXPOSITION ABRITÉE.

Autumn gage. Fruit jaune, de moyenne grosseur, de première qualité, mûrissant en octobre; recommandable pour sa tardivité et sa fertilité.

Blecker's yellow gage. La meilleure des prunes jaunes. Fruit gros, mûrissant en septembre.

Buel's Favourite. Fruit jaune, de première qualité, gros, mûrissant en septembre.

* **Coë. Golden drop. Goutte d'or.** Fruit gros, ovale, jaune doré; de toute première qualité cru et pour pruneaux; septembre.

Columbia. Fruit pourpre, de première qualité, très-gros, et mûrissant en septembre.

Cooper's large red. Fruit rouge-pourpre, très-gros, ovale; de toute première qualité; septembre.

Denniston's red. Fruit rouge, de moyenne grosseur; de première qualité; août.

Elfrey plum. Fruit bleu, moyen, ovale; de première qualité; août.

Esmerald drop. Fruit pâle jaune, de moyenne grosseur, oblong; de première qualité; août.

Guthrie's apricot. Fruit jaune, de première qualité, gros, mûrissant en septembre.

Ickworth's imperatrice. Fruit pourpre, gros, de première qualité, mûrissant en octobre. On peut garder ce fruit très-longtemps après l'avoir cueilli, pourvu qu'il soit enveloppé dans du papier et conservé dans un endroit sec.

Imperial gage. Fruit vert, très-gros, ovale; de toute première qualité; août. Cette variété est l'une des plus précieuses et des plus productives.

Jefferson. Fruit jaune, très-gros, de première qualité, et mûrissant en août.

* **Kerk's-plum.** Fruit moyen, arrondi, violet-bleu; de première qualité; septembre.

Kirke's. Fruit pourpre, gros, rond; de première qualité; septembre.

Knight's green Drying. Fruit vert, plus gros et meilleur encore que la prune Washington, quand il est parfaitement mûr; septembre.

Long Scarlet. Fruit rouge, moyen, oblong; de deuxième qualité; août.

Lawrence's gage. Fruit vert jaune, très-gros, arrondi; de toute première qualité; septembre.

* **Orange** Fruit jaune d'or, très-gros, bon, mûrissant en septembre. Excellent pour pruneaux.

* **Pond's seedling.** Fruit pourpre, très-gros et très-beau; de deuxième qualité; mûrissant en septembre.

Prince of Wales. Arbre très-vigoureux, et très-fertile. Fruit un peu plus gros que celui de Monsieur, dont il est une sous-variété, ayant du reste la même forme; d'un pourpre cerise; de première qualité; septembre.

Purple favourite. Fruit pourpre, gros, arrondi; de première qualité; août.

Queen mother. Fruit pourpre, de moyenne grosseur; de toute première qualité; mûrissant en septembre.

Smith's Orleans. Fruit pourpre, gros, de première qualité, mûrissant en septembre.

Thomas. Fruit jaune, gros, arrondi; de deuxième qualité; août.

* **Washington jaune.** Fruit gros, ovale, jaune; de première qualité; septembre.

* **Washington purple.** Fruit pourpre, gros, de première qualité, mûrissant en septembre.

* **Yellow magnum bonum.** Fruit jaune, très-gros; de première qualité, mûrissant en septembre.

QUATRIÈME SECTION.

Du cerisier.

Le genre cerisier, ce présent de l'Asie, que le gourmand Lucullus introduisit en Italie, il y a environ 2000 ans, forme quatre tribus : les merisiers, les guigniers, les bigarreautiers et les cerisiers proprement dits.

Du reste, leur végétation naturelle est la même. Chaque rameau est garni, dans toute son étendue, d'yeux simples très-saillants dans les cerisiers à bois droit. L'année suivante, ces yeux se convertissent en boutons à fleurs, réunis par huit ou dix, et dont l'épanouissement a lieu au printemps suivant ou à la troisième année de la naissance de la branche. Il n'y a d'exceptions que pour les deux ou trois yeux les plus rapprochés du terminal, qui s'ouvrent ordinairement en bourgeons formant, l'année suivante, des rameaux mixtes ou à bois et à fleurs. Au milieu des boutons à fleurs, s'élève presque toujours un œil qui s'allonge de 3 à 5 centimètres et forme une nouvelle lambourde qui croît fort lentement.

Tous les rameaux sont terminés par un œil à bois, et les boutons sont toujours plus agglomérés vers le sommet. S'il ne se forme pas d'œil au milieu de la lambourde, il faut, après sa fructification, la rapprocher sur son insertion pour y faire développer un œil capable de remplir le vide que produirait son dessèchement naturel. Il résulte de ce mode de végétation, la nécessité de tailler long les rameaux, afin de ne pas abattre trop de fruits. Souvent même, on s'abstient de tailler, car nul arbre n'a moins besoin de cette opération que le cerisier.

Nul aussi n'est plus propre à garnir un mur en espalier ; car ses branches souples et droites se prêtent parfaitement au palissage et à la régularité la plus symétrique. On n'a jamais à craindre que celles qu'on attache verticalement, acquièrent une prédominance nuisible à leurs voisines. On peut donc appliquer au cerisier toutes les formes en éventail décrites pour le pêcher ; sous toutes, ses fruits prennent une maturité et un volume des plus satisfaisants.

La forme en pyramide ne convient pas au cerisier ; mais il réussit très-bien en plein vent à haute tige ; et, sous cette disposition, qu'on lui donne aussi facilement qu'au prunier, on peut l'abandonner à peu près à lui-même ; car il n'a, pour ainsi dire, besoin d'aucun secours.

Le cerisier se plaît dans tous les terrains légers et substantiels. On le multiplie de greffe sur le *merisier*, quand on veut lui donner une grande élévation, et sur *Sainte-Lucie* ou *Mahaleb*, quand on veut lui donner une dimension plus petite.

CHOIX DES MEILLEURS CERISIERS.

H. V. signifie haut-vent.
Esp. — espalier.

BIGARREAUTIERS.

Bigarreau d'Espagne. Bigarreau à gros fruit blanc. Arbre très-fertile; pour H. V. Fruit gros, blanchâtre à l'ombre, rosé du côté du soleil ; fin de juillet ; de première qualité.

Bigarreau d'Angleterre. Arbre fertile ; pour H. V. Fruit très-gros, de première qualité ; juillet.

Bigarreau d'Elton. (Variété anglaise importée par nous en 1851.) Arbre fertile ; pour H. V. Fruit de même nature que le Bigarreau d'Espagne, mais plus gros ; de première qualité ; commencement de juillet.

Bigarreau monstrueux de Mezel. Arbre fertile ; pour H. V. Fruit très-gros, brun foncé ou rouge ou rose, à petit noyau ; de première qualité ; juillet.

Bigarreau napoléon. (Gain de M. Parmentier). Arbre fertile ; pour H. V. Fruit très-gros ; de première qualité ; fin de juin.

CERISIERS.

Cerise abbesse d'Oignies. Arbre assez vigoureux et fertile ; pour H. V. et pour Esp. au levant. Fruit très-gros, à pulpe brune ; de toute première qualité ; août.

Cerise Angleterre-hâtive. Royale-hâtive. Duc de May. May-Duke.

Arbre moyen, très-fertile; pour H. V. et Esp. au midi, si l'on veut obtenir du fruit très-précoce et plus gros; au nord, si l'on veut retarder la maturité. Fruit assez gros, d'un beau rouge brun foncé, quand il approche de sa maturité; de toute première qualité; commencement de juin.

Cerise Angleterre-tardive. Royale-tardive. Cherry-Duke. Arbre moyen; pour H. V. et pour Esp. au couchant et même au nord, si l'on veut du fruit très-tardif. Fruit gros, d'une couleur très-foncée; de première qualité; juillet.

Cerise Angleterre-tardive-noire. Royale-tardive-noire. Arbre assez délicat, fertile; pour Esp. au midi; fruit gros, devenant noir en mûrissant.

Cerise belle Audigeoise. Arbre fertile, de moyenne grandeur; pour H. V. Fruit gros; de première qualité; commencement de juillet.

Cerise belle-de-Chatenay. Belle-de-Sceaux. Belle-magnifique. Arbre très-fertile et très-vigoureux, pour H. V. Fruit très-gros, rouge, à long pédoncule; de toute première qualité; fin de juillet.

Cerise belle-de-Choisy. De la Palembre. Doucette. Arbre peu fertile, de moyenne grandeur; pour H. V. Fruit moyen, d'un jaune rougeâtre, ambré, à long pédoncule; de première qualité; juillet.

Cerise belle-de-Rebatte. Arbre vigoureux; pour H. V. Fruit très-gros, rouge ambré; de première qualité, fin de juin.

Cerise belle-de-Ribaucourt. (Gain de M. le comte de Ribaucourt.) Arbre moyen, assez fertile; pour H. V. et pour Esp. au levant ou au couchant. Fruit gros, très-gros en espalier, cordiforme. à pulpe rouge, brun foncé à la maturité; de toute première qualité; juillet.

Cerise belle-d'Orléans. Arbre moyen, fertile; pour H. V. et Pyr. Fruit très-gros, rouge pâle; de première qualité; fin de juin.

Cerise datte. Arbre assez vigoureux et fertile; pour H. V. Fruit gros, allongé, noir brun; de première qualité; fin de juillet.

Cerise de Kleparow. Belle polonaise. Arbre pour H. V. Fruit très-gros; de première qualité; juillet.

Cerise de Prusse. Roi de Prusse. Arbre moyen, peu fertile; pour H. V. et pour Esp. au levant ou au couchant. Fruit gros, rouge; de toute première qualité; juillet.

Cerise de Spa. Arbre assez vigoureux et très-fertile; pour H. V. et pour Esp. au levant ou au couchant. Fruit gros, rouge; de première qualité; fin de juillet.

Cerise Holmans-Duke. (Belle et excellente variété de la Royale d'Angleterre.) Arbre moyen, fertile; pour H. V. et pour Esp. au midi ou au couchant. Fruit gros, rouge brun; de toute première qualité; commencement d'août.

Cerise Montmorency. Arbre fertile, moyen, assez vigoureux; pour

H. V. Fruit gros, d'un rouge foncé dans sa parfaite maturité; de toute première qualité; juillet.

Cerise Montmorency de Bourgueil. Arbre fertile ; pour H. V. Fruit gros; de première qualité; commencement de juillet.

Cerise monstrueuse de Bavay. Reine Hortense. Lemercier. Belle de Laeken. (Cette variété, trouvée dans notre ancienne habitation, le couvent des Carmes, à Vilvorde, a été mise par nous dans le commerce vers 1826, c'est-à-dire dix ou douze ans avant qu'on l'ait cultivée en France, sous le nom de Reine Hortense.) Arbre moyen, assez fertile ; pour H. V. et Esp. au levant ou au couchant. Fruit très-gros, d'un beau rouge vif; de toute première qualité; commencement de juillet.

Cerisier nain précoce. Petite cerise précoce de Montreuil. Indule. Arbre très-fertile, délicat, qui s'élève à peine à cinq pieds et qu'on cultive sur Sainte-Lucie; pour Esp. au midi. Fruit petit, rond, d'un rouge clair qui prend de l'intensité vers sa parfaite maturité; de médiocre qualité; commencement de juin. Cette variété, propre à être forcée, est cultivée pour sa précocité.

GRIOTTIERS.

Griotte de Loche. Arbre pour H. V. Fruit assez gros; de première qualité; commencement de juin.

Griotte de Thiange. Arbre peu vigoureux, très-fertile. Fruit moyen, arrondi, rouge rosé; de première qualité, quand il est très-mûr; juillet.

Griotte à eau-de-vie. Cerise du Nord. Picarde. Arbre très-vigoureux et très-fertile; pour Esp. au nord. Fruit gros, noir; de qualité médiocre pour la table, mais de première qualité pour ratafia; septembre et octobre.

Griotte de Portugal. Cerise-Portugaise. Griotte douce royale. Royale de Hollande. Arbre moyen, fertile ; pour H. V. Fruit d'un beau rouge brun, gros, les extrémités aplaties, de première qualité; mi-juillet.

GUIGNIERS.

Guigne à gros fruit blanc. Arbre très-vigoureux et fertile; pour H. V. Fruit très-gros, jaune; de première qualité ; mi-juillet.

Guigne à gros fruit noir luisant. Par erreur: **Bigarreau à gros fruit noir.** Arbre vigoureux et fertile; pour H. V. Fruit très-gros, noir, à chair ferme; ce qui le fait généralement considérer comme un bigarreau; de toute première qualité ; mi-juillet.

Guigne de Tarascon. Arbre fertile; pour H. V. Fruit très-gros ; de première qualité; fin de juillet.

CINQUIÈME SECTION.

Du cornouiller à gros fruits rouges.

C'est un grand arbrisseau qui acquiert 6 à 7 mètres de hauteur, et dont la tige se subdivise en plusieurs jets. Indigène à l'Europe, il est très-rustique, ne redoute aucune intempérie, et réussit dans tous les terrains et à toutes les expositions, pourvu qu'elles soient ombragées. Il paraît, en effet, se plaire plus à l'ombre qu'en plein soleil. Sa croissance est fort lente et son existence se prolonge au delà de plusieurs siècles. Dès février ou mars, il se couvre d'une grande quantité de petites fleurs jaunes en ombelle. Les feuilles, qui ne se montrent que plusieurs jours après celles-ci, sont presque sessiles, opposées et ovales. Aux fleurs succèdent des fruits de la forme d'une olive, d'abord verts, ensuite d'un assez beau rouge. La pulpe de ces fruits est succulente et a une saveur douce, aigrelette et agréable, quand ils sont parfaitement mûrs. On les estime dans certaines localités; on en fait de fort bonnes confitures, et l'on en tire une boisson analogue au cidre. Il paraît qu'autrefois on extrayait de leurs amandes une huile douce, dont on estime la quantité au tiers de leur poids.

Le cornouiller à gros fruit est susceptible de prendre, par la taille, diverses formes agréables, et peut aussi être employé à faire des haies et des palissades auxquelles le rendent très-convenable les ramifications qu'il pousse sur sa souche. Dans cet état, il supporte parfaitement la tonte.

On le multiplie par le semis de ses noyaux et par les drageons qu'il produit en abondance. On peut encore le propager facilement par des tronçons de ses racines simplement mis en terre.

On en cultive une variété à fruits jaunes.

CHAPITRE TROISIÈME.

APPLICATION DES OPÉRATIONS PRATIQUES DE LA TAILLE AUX DIVERSES ESPÈCES D'ARBRES A FRUITS A PEPINS.

PREMIÈRE SECTION.

Du poirier.

Le poirier, indigène à l'Europe, est pour la Belgique le plus intéressant des arbres fruitiers. Il y est beaucoup cultivé, et a été, comme il l'est encore, de la part de nos pomologues, l'objet de nombreuses et savantes expériences, dont le but est d'enrichir la brillante collection de ses variétés. Une assez grande quantité de gains nouveaux et méritants attestent le succès de ces longues opérations et glorifie dignement la pomologie belge. Beaucoup de variétés anciennes du poirier paraissent dégénérer, et il y a un intérêt vraiment urgent à s'occuper sérieusement des moyens de remplacer celles qui pourraient venir à manquer. Aussi ne cesserons-nous d'engager nos cultivateurs à continuer de marcher dans la voie des découvertes. Mais c'est vers la production des espèces de garde, d'une grande fertilité et d'une vigueur de bois telle qu'on puisse avec avantage en peupler nos vergers; c'est à remplir les lacunes qui existent encore dans les diverses séries de fruits, et non à créer des variétés inutiles, parce que nous possédons les analogues, que doivent tendre tous les efforts des arboriculteurs consciencieux; et ce sont des conquêtes en ce genre que nous nous plairons toujours à recommander. La multiplication prolongée des variétés par la greffe serait-elle la cause de cette dégénérescence? C'est une question qui pourrait être agitée avec avantage, mais que l'espace ne nous permet pas de discuter ici.

Quoi qu'il en soit, un arbre aussi intéressant mérite particulièrement les soins d'une taille savante; et, en Belgique, où il tient le premier rang, il est urgent de lui appliquer enfin les vrais principes de l'école moderne, dont la simplicité en rend l'intelligence très-facile. Ces principes ont pour but de lui imposer une production abondante et régulière, en ménageant ses forces et en prolongeant sa durée.

On greffe le poirier sur franc ou égrain, sur cognassier, sur épine blanche, etc.; mais les meilleurs sujets, selon nous, sont les francs. Vainement on leur reproche une vigueur difficile à dompter, et par conséquent une fructification tardive; car, par les moyens pratiques que nous indiquerons, on verra qu'on vient à bout, sans trop de difficultés, de les rendre moins rebelles. Nous irons plus loin, nous insisterons pour qu'on choisisse toujours pour sujets les francs qui se recommandent par leur vigueur et leur belle conformation. Il importe de rebuter les individus dont l'organisation anormale semble déceler un affaiblissement dans les germes qui les ont produits. Il est aussi de la plus grande importance d'exercer une surveillance attentive dans le choix des greffes, qu'il ne faut prendre que sur des arbres parfaitement sains, qui ne portent aucun indice de caducité et dont la végétation est aussi forte que régulière. Nous pensons, avec quelques arboriculteurs expérimentés, que des greffes provenant de poiriers entés sur cognassier, sont une cause de détérioration.

Le poirier, greffé sur franc, préfère une terre franche normale, suffisamment perméable à l'air, sans être trop légère, mais qui soit surtout profonde et un peu fraîche. C'est parce qu'il ne réussit pas partout qu'on le greffe sur le cognassier, qui se plaît dans une terre légère, peu profonde et même sèche. Toutefois, en faisant pour les francs des trous plus profonds, en amendant convenablement la terre dont on les remplit, et en supprimant un tiers du pivot, pour l'empêcher de plonger autant, on les rend propres à un plus grand nombre de terrains. Un pépiniériste français a conseillé, quand on replante les jeunes francs dans la pépinière, de retrousser, vers le collet, l'extrémité du pivot, en le contournant autour de lui-même. Il prétend par ce procédé, qui dispense de toute amputation et provoque, de la part du pivot, une forte émission de chevelu et de racines fibreuses, rendre ses sujets plus appropriés à la plantation dans une terre d'une profondeur moindre, où ils accomplissent une végétation tout aussi vigoureuse par la grande quantité de racines qui se développent latéralement.

Le poirier greffé sur cognassier a l'avantage de produire plus tôt. Sa production se maintient tant que le sujet est robuste ; mais, dans beaucoup de variétés, il ne tarde pas à s'affaiblir. Les fruits alors deviennent rares et pierreux et le poirier se couronne, sans qu'aucun soin de culture puisse le ramener. Cette prompte destruction semble prouver que l'alliance du poirier et du cognassier n'est pas fondée sur une analogie parfaite ; et ce qui corrobore cette opinion, c'est qu'un certain nombre de variétés réussissent assez mal sur cognassier, pour qu'on ait été obligé de renoncer à l'employer comme sujet. Toutefois, quand on n'a à sa disposition que des cognassiers, on peut les utiliser par le procédé de la double greffe. Pour cela, on débute par les greffer soit avec le *Double Philippe*, soit avec le *Sucré vert*, et l'année suivante, on pose sur les pousses qu'ont données ces variétés, des écussons de celles qui refusent le cognassier. C'est ainsi qu'on agit pour les *Beurrés Bretonneau* et *de Rancé*, l'*Eliza d'Heyst*, le *Comte Lamy*, etc., etc.

Quelques péniniéristes emploient le cognassier, pour sujet du poirier, comme moyen transitoire de l'établir dans un sol favorable, mais qui n'a pas assez de profondeur. A cet effet, ils plantent le cognassier greffé bas, assez profondément pour que la greffe soit au-dessous du niveau du sol. Toutefois, ils ne l'enterrent pas immédiatement ; ils maintiennent à l'entour un auget au moyen duquel ils la laissent à découvert, et ce n'est que lorsque la reprise est assurée, un an après la plantation, qu'ils comblent l'auget et recouvrent la greffe de terre. Celle-ci *s'affranchit* en émettant, à son bourrelet, des racines qui poussent plus horizontalement, se ramifient et assurent au poirier une végétation vigoureuse, en même temps qu'il reprend tous les avantages du franc. On peut faciliter l'émission des racines par quelques incisions profondes, pratiquées, avec la pointe de la serpette, sur le bourrelet de la greffe. Le même moyen peut être employé dans les terrains profonds, quand on manque de francs pour sujets.

Ces essais d'affranchissement des poiriers greffés sur cognassier, prouvent combien il serait à désirer qu'on pût trouver un moyen facile de les multiplier de boutures. Mais jusqu'ici, on n'y est parvenu encore que par le secours des couches et des cloches ; et de tels procédés ne conviennent point aux pépiniéristes.

Quant à l'épine blanche, il est certain que la greffe du poirier y réussit bien, mais seulement pour les variétés dont les fruits mûrissent en hiver. Celles à fruits d'été forment d'énormes bourrelets et durent peu. Les variétés que l'on a essayé d'y greffer, se sont montrées moins rebelles, quant à la production, que sur franc, sans être cependant aussitôt productives que sur cognassier. Il n'y a donc aucun avantage à employer l'épine blanche pour sujet, à moins que ce ne soit dans un terrain où le poirier franc et le cognassier ne pourraient réussir.

Nous ne mentionnerons que pour mémoire le cormier et le sorbier conseillés par quelques auteurs pour sujets propres à recevoir la greffe du poirier, et nous persistons à préférer à tous le franc ou égrain venu de pepins semés par la main de l'homme, choisi avec discernement et annonçant, par son organisation, que le germe auquel il doit le jour, n'a éprouvé aucune altération.

§ 1. Mode de végétation du poirier.

Lorsque le bourgeon d'un poirier a parcouru les phases de sa première végétation, depuis l'ouverture de l'œil, dont il est le produit, jusqu'au moment où il est terminé lui-même par un œil, il est devenu rameau. Comme tous les produits de ce nom, il porte à son sommet un œil terminal, qui servira à son prolongement à la saison suivante, et, sur toute sa longueur, des yeux alternes nés dans l'aisselle de ses feuilles.

Tous ces yeux sont alors également organisés pour produire du bois. Ils sont tous indistinctement pourvus, à leur base, de deux sous-yeux qui se conservent inactifs, tant que la taille ou une cause quelconque qui détruit l'œil dont ils sont comme les remplaçants, ne fait pas cesser leur léthargie pour les rendre à la vie active.

Cette faculté de produire du bois, dont sont doués ces yeux, a d'autant plus d'énergie qu'ils sont plus rapprochés du terminal.

La fig. 1re de la pl. VIII, qui représente une branche de quatre ans non taillée, va rendre nos explications plus intelligibles. Son axe A, sur lequel sont indiquées ses quatre végétations successives, fait connaître les mutations que chacune d'elles impose à ses productions. Ainsi, le n° 4 est le rameau formé la dernière année : il offre l'état primitif du n° 1 ; le n° 3 est son deuxième état, le n° 2, son troisième, et enfin le n° 1 est la constitution que lui ont faite les quatre années de végétation.

Au printemps qui suit la constitution du premier rameau, l'œil terminal de ce rameau s'ouvre en bourgeon de prolongement qui, à la fin de la saison, aura ajouté un second rameau au premier, ce que représentent les deux portions 3 et 4. Pendant cette végétation, les yeux qui suivent immédiatement le terminal, se convertissent eux-mêmes en bourgeons vigoureux, *a*,*a*,*a* ; ceux du centre, en brindilles, dards ou boutons à fleurs *b*,*b*,*b* ; enfin, les plus rapprochés de la base, tendent à s'éteindre et s'aplatissent, *c*,*c*,*c*.

A la 3e pousse, la branche a la figure des nos 2, 3 et 4 réunis. Les nos 3 et 4 se comportent comme nous venons de le dire. Sur le n° 2 les trois rameaux *a*,*a*,*a* ont végété comme les nos 3 et 4 de l'axe central ; les productions *b*,*b*,*b* se sont accrues, et les yeux *c*,*c*,*c* ont encore diminué de volume.

Enfin à la 4e pousse, qui constitue le n° 1, tel qu'il est sur la figure, on voit que les trois rameaux *a*,*a*,*a* ont fait trois végétations qui ont donné des résultats analogues aux produits des nos 2, 3 et 4 de l'axe central ; les productions *b,b,b* se sont accrues, sauf la dernière qui est resté stagnante, et les yeux *c,c,c* n'existent plus ; c'est le commencement de la dénudation.

Chaque rameau, à mesure qu'il vieillit, éprouve donc des mutations pareilles, et ces conversions successives ont lieu sur toutes les branches d'un poirier, quelles que soient la forme de l'arbre et la place qu'elles y occupent. Nous n'avons pas besoin de dire que la régularité que nous leur avons prêtée pour l'intelligence de notre démonstration, n'existe pas à un degré égal, mais l'effet produit est le même, et toutes les branches se dénudent par leur base dans un temps plus ou moins court qui dépend de la vigueur et de l'allongement des pousses de chaque année. Les productions fruitières les plus inférieures finissent presque toujours par se convertir en bois, le plus souvent sans fructifier, ou, ce qui arrive rarement, après avoir donné quelques fruits petits et de mauvaise qualité. Cette marche est celle que suit la végétation naturelle; et ce n'est qu'après que l'arbre s'est épuisé en productions ligneuses, qu'il finit par donner des fruits rares, rachitiques et pierreux. On comprend que la taille seule et ses moyens accessoires peuvent s'opposer efficacement à un tel désordre; mais, pour agir en connaissance de cause, nous devons débuter par étudier les caractères des productions qui se développent sur le poirier, et en suivre les métamorphoses, afin de nous familiariser parfaitement avec leurs évolutions dont l'intelligence exacte fournit les meilleurs moyens d'action.

Les productions qu'il nous faut étudier d'abord, sont les yeux. Nés pendant l'évolution des bourgeons, ils sont complétement organisés, quand ceux-ci sont devenus rameaux. C'est donc sur la longueur de ces derniers qu'on les trouve, assez éloignés les uns des autres vers la base, mais plus rapprochés vers le sommet. Ils sont généralement allongés, excepté à la base des rameaux où ils sont plats, parce qu'ils n'y jouissent pas d'une quantité de séve suffisante à leur nutrition.

Généralement, après la végétation qui les constitue rameaux, les bourgeons sont terminés par un œil à bois.

Il arrive pourtant que, dans les variétés fertiles et à un certain âge, les rameaux sont couronnés par un bouton.

Tous les yeux sont d'abord constitués pour créer du bois. La réalisation de cette fonction dépend de la somme de séve qu'ils reçoivent; et comme elle est plus abondante vers les sommités, ce sont toujours les trois ou quatre yeux les plus voisins du terminal qui s'ouvrent en bourgeons. Nous savons que le résultat d'un bourgeon est un rameau et que de celui-ci naît la branche. Nous n'admettons dans le poirier, ni branches de faux bois, ce que nous n'avons jamais compris, ni branches ni rameaux adventifs; car, lorsqu'un œil imprévu a percé, on ne peut plus admettre que le bourgeon, le rameau et la branche qui en résultent, soient inattendus. D'ailleurs, quelle que soit l'origine d'une branche, son organisation est toujours la même; quant aux gourmands, il ne doit pas en exister sur un arbre bien taillé, le pincement et l'ébourgeonnement étant employés à propos.

Les yeux qui garnissent un rameau ne s'ouvrent pas tous à la fois: les premiers qui accomplissent cette évolution, forment des bourgeons; ce sont les plus élevés. Les yeux qui ne développent pas de bourgeon pendant la végétation nécessaire au rameau pour devenir branche, deviennent par le temps susceptibles de diverses autres métamorphoses, qui les rendent aptes à produire du fruit.

Ces yeux peuvent se convertir en brindilles, en dards, en boutons à fleurs.

La *brindille* est d'abord un bourgeon grêle allongé, flexible, qui, comme les bourgeons à bois, se termine au moment où il devient rameau, par un œil ou par un bouton à fleur, selon l'âge de l'arbre. Il se forme spontanément des brindilles, sur les rameaux non taillés, par le développement d'yeux affaiblis; la taille plus ou moins allongée d'un rameau peut en faire produire. La fig. 4, pl. VIII, est une brindille.

Les *dards* (fig. 2, pl. VIII) sont de petits rameaux qui se forment sur toutes les parties des arbres; leur longueur varie de 1 à 7 ou 8 centimètres; ils sont placés à angle droit sur la branche ou le rameau, et terminés par un œil pointu. Les dards sont une des premières ressources de la fructification; souvent l'œil qui les termine se convertit en bouton, et alors ils prennent le nom de dard couronné (fig. 3, pl. VIII). Avec le temps, les dards se garnissent de boutons à fleur, et prennent quelques caractères des lambourdes. Le dard diffère du bouton à fleur en ce que la base de celui-ci est cassante, tandis qu'il est, lui, roide et ligneux; sa base est lisse et sans rides circulaires.

Le *bouton à fleur* (fig. 5, pl. VIII) qui le représente au sommet d'un rameau) résulte aussi d'un œil trop faible pour constituer un bourgeon. Par conséquent, il peut se former des boutons partout où des yeux sont restés sans s'ouvrir. L'œil qui se convertit en bouton, met plus ou moins de temps à compléter cette métamorphose.

En voici la marche approximative : il subit, pendant la végétation qui suit l'année de sa naissance, un léger allongement de son support, qui varie entre 3 et 9 millim. Autour de ce petit support se développent trois feuilles, qui nourrissent chacune un œil dans leur aisselle. Dans cet état, il prend le nom de *rosette* (fig. 6, pl. VIII), qu'il doit à la disposition de ces mêmes feuilles. Pendant la végétation suivante, l'œil s'arrondit; son support, dont la base est ridée par l'empreinte des pétioles des trois feuilles précédentes, s'allonge plus ou moins et se garnit de quatre ou cinq feuilles nouvelles qui remplissent les fonctions qu'ont accomplies les trois premières, c'est-à-dire, qu'elles y déposent un nombre égal d'yeux. Cette production reçoit alors le nom de *lambourde* (fig. 7, pl. VIII). La 3me année, l'œil s'arrondit de plus en plus, le support continue à s'allonger peu ou beaucoup, sept feuilles se forment à son sommet, et les rides irrégulières s'accumulent à l'entour. Enfin. à la 4me année, le support encore allongé, et sur lequel se développe un nombre indéterminé de feuilles, porte un bouton considérablement grossi, dont les écailles brunes au sommet et d'un vert jaune à la base, ne tardent pas à s'entr'ouvrir et laissent épanouir un corymbe de fleurs.

Aussitôt après cette première floraison, la lambourde forme, plus particulièrement à son sommet et au point où se trouvaient attachés les pédoncules des fleurs, une sorte de loupe charnue d'une substance spongieuse, dépourvue de fibres et facilement divisible par la serpette ou tout autre instrument tranchant. Cette loupe s'appelle *bourse*, dénomination qu'elle doit à sa forme, et plus encore à l'abondance et à la continuité de ses produits. En effet, pendant plusieurs années, il se développe autour d'elle et de sa lambourde, des boutons qui fleurissent et fructifient deux ans après leur émission, et qui constituent autant de petites lambourdes. La fig. 8, pl. VIII, représente une bourse.

Nous avons déjà eu l'occasion de dire qu'à la base de chaque œil existaient deux soux-yeux qui restent inactifs, tant que leur œil principal accomplit sa destinée. Mais, si l'on vient à couper sur son talon la production de cet œil principal, qu'elle soit à l'état de bourgeon, de rameau, de branche, ou disposée à donner des fruits comme dard, brindille, rosette ou lambourde, ils retrouvent leur activité et s'ouvrent à leur tour, en bourgeon, en brindille, en dard, ou retardent leur évolution pour subir les métamorphoses qui les convertissent en lambourdes. Cette connaissance est d'une grande importance.

Enfin, pour revenir à ce que nous avons dit précédemment sur la dégénérescence de quelques variétés de poirier, et sur l'importance qu'il faut apporter dans le choix des greffes, nous ajouterons qu'il ne faut jamais faire servir à leur usage ni les dards, ni les brindilles.

Maintenant que nous avons fait connaître les productions naturelles dont se charge le poirier, il nous reste à indiquer le traitement que chacune d'elles doit recevoir et les principes de taille d'une application générale à cette espèce d'arbres.

§ 2. Principes de la taille du poirier.

La taille du poirier doit être considérée sous deux points de vue principaux : la production du bois et celle du fruit.

I. — *De la taille des branches à bois.* — De même que pour le pêcher, la taille s'opère sur le rameau terminal de chacune des branches à bois ; ce rameau, qui est le résultat de la végétation de l'année précédente, est taillé sur un œil latéral, que la coupe place au sommet pour servir au prolongement de la branche. C'est donc, sous ce rapport, le même principe que pour le pêcher, soit qu'il s'agisse simplement de la prolonger, soit qu'outre le prolongement il faille former une branche de ramification.

La longueur sur laquelle on taille un rameau, dépend toujours de sa force, de la place qu'il occupe et de l'équilibre de végétation qu'il faut entretenir. Nous avons fait remarquer que les yeux latéraux qui garnissent un rameau, peuvent être rangés en trois classes. Dans la première, sont les plus élevés et, par conséquent, les plus vigoureux, parce que c'est sur eux que la séve se porte avec le plus d'affluence; ils sont les mieux disposés à produire du bois. La deuxième classe comprend les yeux intermédiaires qui, moins favorisés par la séve, doivent à sa parcimonie la faculté de se convertir en productions fruitières. Dans la troisième classe, sont ceux de la base, que leur éloignement de l'œil terminal prive d'une alimentation suffisante, et qui restent plats et sur le point de s'annuler par la privation du fluide séveux.

On conçoit qu'une taille plus ou moins longue doit profondément modifier ces dispositions : trop courte sur un rameau bien constitué, elle peut exciter tous ses yeux à s'ouvrir en bourgeons; trop longue, elle peut faire éteindre les yeux de la base et causer la dénudation complète de cette partie. Il n'y a donc qu'une taille proportionnée au développement du rameau, qui puisse faire produire des bourgeons vers son sommet, et entretenir, dans sa partie inférieure, les dispositions à se convertir en brindille, en dard ou en bouton à fleur que peuvent avoir les yeux qui s'y trouvent.

Une taille moyenne convient donc aux rameaux d'un arbre dont la végétation est normale ; une taille longue, aux sujets jeunes et très-vigoureux ; et ce n'est que pour les poiriers déjà âgés et faibles qu'il faut employer une taille courte. Toutefois, une observation est nécessaire ici : toutes les variétés de poirier ne végètent pas avec une activité égale. Les unes, plus vigoureuses, se développent en bois et sont lentes à fructifier; elles doivent recevoir une taille allongée qui ouvre de nombreuses issues à la fougue de la séve, et finisse par modérer cette exubérance de vigueur. Les autres, plus délicates, sont promptement fertiles et s'épuiseraient en peu de temps, par l'abondance de leurs produits, si une taille plus courte et proportionnée à leur faiblesse et à leur fécondité, n'y concentrait pas la séve pour y entretenir une fructification raisonnable et prolongée. Il est important d'étudier avec soin la manière dont se comporte chaque variété, afin de régler sa taille en conséquence.

On donne plus de force à un rameau, quand on le taille sur un œil placé en dessus qui s'ouvre en bourgeon vertical. Si sa croissance devient gênante, parce qu'il s'élève perpendiculairement, on peut le supprimer, quand l'effet est produit, en taillant la branche sur l'œil qui vient immédiatement après ce bourgeon vertical. Dans tous les cas, on le force à se rapprocher de la position voulue par un arc-boutant, et, à la taille suivante, on le rabat sur l'œil en dessous le plus rapproché de sa base. Généralement, on taille sur un œil en dessous, et exceptionnellement, sur un œil de côté, quand on veut changer la direction de la branche, ou former une ramification. En pareil cas, en éloignant la coupe de l'œil, on lui fait former un angle plus ouvert.

On peut donner une plus grande activité à un rameau ou à une branche dont le développement est trop restreint, en pratiquant, au-dessus de son insertion, une incision ou une entaille; des incisions longitudinales peuvent aussi rendre de l'activité à sa végétation.

Un rameau trop vigoureux, mais utile, peut être avantageusement remplacé par une production plus modérée, en le rabattant sur son talon ou empatement, dont on laisse une mince épaisseur pour profiter des deux sous-yeux que la nature y tient en réserve. Dès leur développement en bourgeon, on supprime, s'il y a lieu, celui des deux qui convient le moins, et l'on dirige, à sa guise, celui que l'on conserve.

Pour supprimer complétement un rameau ou une branche, il faut enlever en même temps le talon entier, afin de détruire les sous-yeux qui autrement reperceraient; cette opération s'appelle démonter une branche ou un rameau.

Il est bien entendu que les rameaux latéraux sont taillés selon les mêmes principes.

II. — *Taille des productions fruitières.* — Les dards qui naissent partout, soit spontanément, soit par l'effet de la taille, ne sont jamais supprimés, quand ils sont dans une position favorable à leur mise à fruits. Mais lorsqu'ils se forment sur des arbres trop jeunes, on doit les rabattre sur leur empatement, pour profiter des sous-yeux de leur base. Si on taillait un rameau sur un dard, on devrait supprimer ce dernier. Alors on choisirait, pour prolonger ce rameau, celui des deux sous-yeux du dard qui serait le mieux disposé. Ces sous-yeux devenus terminaux, par la coupe, poussent assez bien, mais cependant moins vigoureusement qu'un œil. C'est donc un moyen qui ne peut être employé que quand on a besoin de restreindre la pousse d'un rameau.

Les brindilles, qui sont généralement trop faibles, doivent être taillées à un tiers environ de leur longueur sur un œil latéral, afin de convertir en productions fruitières leurs yeux inférieurs. Quelquefois les brindilles sont terminées par un bouton qu'on laisse fructifier ; on les casse après la récolte, également au tiers de leur longueur. On peut enfin convertir une brindille en rameau à bois, en la taillant sur un œil en dessus et en laissant se développer en bourgeons ses yeux supérieurs pour y attirer plus de séve.

On ne taille ni les rosettes, ni les lambourdes, tant qu'elles n'ont pas fleuri ; mais lorsque ces dernières ont donné des fleurs, on a soin, après chaque récolte, de rafraîchir, par une légère coupe, la place où étaient attachés les pédoncules des fleurs. Lorsque les bourses se sont formées, elles donnent successivement des productions ; mais, après plusieurs récoltes, elles deviennent languissantes surtout dans les parties inférieures des branches. Il faut alors les rapprocher, en taillant les portions les plus excentriques, vers lesquelles la séve n'arrive que difficilement. Ces tailles font naître des lambourdes plus vives et plus productives.

Il résulte de ce qui précède, que la taille peut réciproquement convertir les yeux et les bourgeons à bois en productions fruitières, et celles-ci en rameaux à bois ; que, conséquemment, il est facile d'obtenir du nouveau bois; que les sous-yeux, mis en réserve dans l'empatement de chaque production, sont d'une ressource importante pour ces diverses métamorphoses. Un rameau est-il trop fort, on le rabat sur son empatement (opération que La Quintinye a nommée *taille à l'épaisseur d'un écu*), pour le remplacer par l'un de ses sous-yeux, dont on restreint le volume à volonté. A-t-on besoin d'un rameau à bois à la place d'un dard, d'une brindille, d'une lambourde, on les supprime de même sur leur talon, et on laisse l'un des sous-yeux se développer avec une grande vigueur, que l'on favorise en le taillant de manière à ce que ses yeux supérieurs forment, à leur tour, de robustes bourgeons qui aident à son grossissement. Quand le but est atteint, on se débarrasse des résultats exagérés de ces bourgeons, en les cassant pour les convertir en branches à fruits, ou en les taillant sur leur talon pour créer des productions fruitières par le développement de leurs sous-yeux, qu'on traite en conséquence.

Le but de la taille étant d'obtenir le plus de fruits possible, on taille les rameaux à un tiers environ de leur longueur, afin qu'il ne reste aucune partie nue à leur base, cette taille étant calculée de manière à faire ouvrir tous leurs yeux. On raccourcit les brindilles pour convertir leurs yeux en boutons à fleur, et on laisse les dards et les rosettes suivre leur évolution. A la taille suivante, on rabat tous les rameaux inutiles sur leur empatement, dont on ne conserve qu'une épaisseur de 2 à 3 millimètres, pour obtenir des productions fruitières de leurs sous-yeux. Enfin, on raccourcit les vieilles lambourdes et les bourses qui s'appauvrissent, pour leur rendre de l'activité, et l'on finit par rabattre une branche épuisée sur son emptaement, afin de la renouveler par les productions de ses sous-yeux.

Dans toutes ces opérations, il ne faut pas perdre de vue l'équilibre qui doit régner dans les diverses parties du poirier, selon la forme qu'on a adoptée. Cet équilibre se maintient par la taille, l'ébourgeonnement, le pincement des bourgeons et des faux bourgeons; par les incisions longitudinales et circulaires, les entailles, la suppression et la conservation des fruits; et, pour les arbres en espalier, par le palissage.

Nous avons dit que le grave inconvénient des poiriers sur franc était leur lenteur à se mettre à fruit. On parvient à rapprocher l'époque de la production, en leur faisant produire beaucoup de bois, dont on se débarrasse ensuite par les moyens que nous avons indiqués. On multiplie les incisions annulaires, le cassement, enfin on arque les jeunes rameaux et même les bourgeons. On emploie encore la déplantation et la replantation presque immédiate dans le même trou, pour vaincre cette rébellion, qui cède quelquefois au trouble que cette opération apporte dans la circulation de la séve.

§ 5. Des diverses formes à donner au poirier.

On cultive le poirier en espalier, en pyramide, en vase et à haut vent.

I. — Du POIRIER EN ESPALIER. — On donne au poirier en espalier diverses formes; savoir: l'éventail, l'espalier à la Montreuil, la palmette simple et en U et le candélabre.

A. Éventail. — Le jeune arbre mis en place, on laisse pousser sa greffe à volonté, et lorsqu'elle a une certaine hauteur, on la pince pour fortifier autant que possible les yeux inférieurs. Si quelques-uns des plus élevés s'ouvraient en faux bourgeons, on les pincerait aussitôt.

A la 1re taille, on rabat le sommet de la greffe vers un œil de devant, dont on fait le terminal, et à 40 centimètres environ du sol; on abat, avec le doigt, les yeux placés devant et derrière la tige. Les quatre ou cinq yeux garnissant les côtés concourent tous ensemble à la formation.

Si les yeux supérieurs s'étaient ouverts en faux bourgeons, par suite du pincement opéré pendant la saison précédente, on taillerait la tige sur un faux rameau placé devant, qu'on taillerait ensuite lui-même, sur un œil latéral, pour le prolongement; et on palisserait immédiatement ce rameau pour lui imprimer une bonne direction. Les faux rameaux, nés devant ou derrière, seraient supprimés, avec leur empatement, pour qu'ils ne repoussent pas; s'il se trouvait sur les côtés des productions pareilles, déjà trop fortes pour le bien-être des yeux inférieurs, on les rabattrait sur leur empatement pour les remplacer par leurs sous-yeux, qui fourniraient une végétation plus modérée et plus convenable au développement des productions de la base.

Pour les favoriser pendant la végétation qui suit, on palisse d'abord les pousses supérieures ; et, si la contrainte qu'on leur impose ainsi ne suffit pas pour les modérer, on les pince plus ou moins sévèrement.

Tous ces jets sont d'ailleurs palissés en lignes très-droites et à une égale distance, laquelle ne doit pas excéder 30 centimètres.

A la taille qui suit, on taille tous les rameaux de prolongement suivant leur force, comme nous l'avons indiqué : la tige, sur un œil de devant ; les branches latérales fortes, sur un œil en dessous ; les faibles, sur un œil en dessus. On contraint la pousse de celui-ci, au moyen du palissage, à prendre la direction voulue.

Pendant les tailles successives, on laisse développer encore, sur le tronc de la tige, quelques branches pour compléter l'éventail, et on abaisse progressivement les plus inférieures, de façon que, la forme achevée, l'arbre soit semblable à celui de la fig. 9, pl. VIII. Autant que possible, on ne forme point de ramifications sur les branches latérales, parce qu'on doit s'efforcer de les convertir en productions fruitières. On établit seulement une patte inférieure sur la branche la plus basse de chaque aile. En même temps, on taille et gouverne les productions fruitières, comme nous l'avons expliqué.

B. Éventail à la Montreuil. — Cette formation s'obtient par des moyens absolument semblables à ceux que nous avons indiqués pour le pêcher ; seulement, l'intervalle entre les branches pouvant être beaucoup moindre, on établira sur chaque branche mère autant de membres secondaires supérieurs et inférieurs qu'il en faudra pour garnir convenablement le mur. (Voyez la fig. 1re, pl. VII.)

C. Palmette simple. — Le début de cette forme est absolument semblable à celui que nous avons décrit plus haut pour celle de l'éventail. Toutes les branches latérales doivent être indistinctement taillées sur un œil en dessous pour les prolonger, parce qu'il tend davantage à favoriser la direction horizontale, qu'elles doivent toutes occuper, et à laquelle on les amène peu à peu par le palissage.

On taille la flèche sur un œil antérieur, parce qu'elle doit être prolongée verticalement en ligne exactement droite, et on laisse se développer sur elle, à droite et à gauche, les branches latérales nécessaires pour arriver à la hauteur voulue.

Dans le début de toutes les formes en espalier, on détruit les yeux et les bourgeons naissants sur le derrière et sur le devant ; mais, quand l'arbre a atteint sa troisième ou sa quatrième année, il faut cesser de supprimer les productions antérieures, et s'assurer si elles ne sont pas disposées à fructifier, auquel cas il faut les conserver provisoirement pour profiter de leurs fruits.

D. Palmette double et en U. — Ce que nous avons dit de cette forme, en traitant du pêcher, s'applique parfaitement au poirier, sauf la distance entre les branches latérales, dont on laisse développer un plus grand nombre.

C'est cette forme qu'un jardinier français, nommé *Sieulle*, a établie sans le secours de la serpette. Il ébourgeonnait simplement les productions naissantes dont il prévoyait l'inutilité, et il arrêtait au point nécessaire, par un pincement plus ou moins sévère, toutes celles qu'il jugeait à propos de conserver.

Nous avons indiqué, pour le pêcher, deux moyens de produire cette forme : l'un par la taille des branches mères, pour former les latérales ; l'autre par l'abaissement successif de chaque cordon, et le développement, sur le sommet de la courbe, d'un bourgeon capable de continuer de chaque côté le montant de l'U, et de constituer ensuite une nouvelle branche latérale. Ces deux moyens peuvent également être employés, en prenant pour base les règles que nous avons données. Pour le poirier, comme pour le pêcher, la double palmette ne diffère de la forme en U que par l'intervalle, plus restreint dans la première que dans la seconde, à laisser entre les deux montants de l'arbre. (Voyez la fig. 2, pl. VII.)

E. Candélabre. — On se rappelle que nous avons parlé de cette forme à l'occasion du pêcher. Si on voulait l'appliquer au poirier, il faudrait s'y prendre de la même manière; seulement on mettrait plus de temps dans la formation des deux branches mères et de leurs sous-mères, afin de les constituer vigoureusement et de ne pas y laisser de places dénudées; ce que ne manquerait pas de faire une taille trop longue. A mesure de l'allongement des branches mères, on formerait successivement les branches verticales, en commençant par le centre, afin qu'elles aient le temps de se fortifier avant l'établissement de celles des ailes que nous conseillerons, pour les rendre moins épuisantes, de maintenir dans une dimension plus restreinte.

Si cette forme ne nous paraît pas propre à assurer une longue durée aux arbres, elle nous paraît, en revanche, la plus capable de leur faire produire des fruits de bonne heure, et nous ne pensons pas que le franc le plus rebelle puisse longtemps se refuser à fructifier sous son influence. (Voyez fig. 4, pl. VII.)

II. — Du poirier en contre-espalier. — Le contre-espalier ne diffère de l'espalier que parce qu'il lui manque l'abri d'un mur. Il se compose d'arbres auxquels on donne une forme étalée et un peu plus épaisse qu'aux espaliers. Dans cette culture, on ne supprime pas les yeux antérieurs et postérieurs; on les utilise selon le besoin, mais toutefois sans leur laisser prendre leur développement entier en avant ou en arrière.

Quelquefois le contre-espalier est soutenu par un treillage; d'autres fois il est dépourvu de tout appui. Cependant nous ferons remarquer qu'il est toujours nécessaire d'employer un treillage provisoire, dans le début de la formation de l'arbre, et qu'il ne faut le supprimer que quand le contre-espalier a une force et un développement suffisants pour se soutenir convenablement sans secours étranger.

Le poirier, qui résiste parfaitement à nos intempéries, peut très-bien être cultivé en contre-espalier sous les diverses formes que nous venons de décrire pour l'espalier.

Généralement on restreint les dimensions des arbres dirigés en contre-espalier, parce que, bordant les carrés d'un potager, ils projettent sur eux une ombre nuisible ; ensuite, parce que n'étant ordinairement séparés que par une allée de la plate-bande des espaliers, ils priveraient de l'action bienfaisante du soleil, leurs parties inférieures, qui en ont tant besoin pour maintenir une végétation normale. Toutes ces raisons font qu'aujourd'hui on ne cultive plus, en contre-espalier, que des arbres nains. Du reste, la conduite du poirier en contre-espalier est absolument la même que quand on le tient en espalier.

III. — Du poirier en plein vent. — Le poirier cultivé en plein vent prend différentes formes, telles que la pyramide de diverses sortes, le vase et le haut vent.

A. *Du poirier en pyramide.* — Chez nos voisins, les Français, on confond assez volontiers la pyramide et la quenouille. Cette dernière, qu'on fait fort bien de ne pas cultiver en Belgique, diffère de la pyramide en ce qu'elle a une base presque dénudée de branches, et qu'il est assez difficile de la régulariser au moyen de la taille ; elle se met plus tôt à fruit, mais elle dure peu. Nous ne nous occuperons donc que de la pyramide.

Le sujet qu'on veut élever sous la forme pyramidale, a été planté convenablement. On a dû pincer le jet de la greffe pendant sa première évolution, pour renforcer les yeux dont sa base est garnie ; c'est dans cet état que la 1re taille doit être appliquée au rameau, au printemps suivant.

Première taille. Le pincement dont nous venons de parler, a seulement maintenu, en bon état, tous les yeux de la tige, ou il en a fait ouvrir quelques-uns en faux bourgeons, devenus de faux rameaux au moment de la taille.

Dans le premier cas, on taille la tige, qui prend ici le nom de flèche, d'une longueur relative à l'état des yeux les plus inférieurs. Il vaut toujours mieux tailler court que long, parce qu'il faut que les yeux placés le plus bas, puissent se développer vigoureusement en bourgeons, et qu'il est toujours plus facile de faire passer la vigueur surabondante du bas vers le haut, que de la faire redescendre. Une fois qu'on a déterminé la hauteur où l'on veut tailler, on fait choix, pour asseoir la coupe, d'un œil placé à l'opposé de l'écusson de la greffe. L'année suivante, on taillera le nouveau prolongement sur un œil opposé à celui-ci ou sur le côté qu'occupe la greffe. Ce soin de placer ainsi l'œil terminal d'une taille à l'opposé de celui de la précédente, a pour but de conserver à la tige une direction verticale aussi droite que possible. C'est donc une attention générale qu'il faut avoir et que nous ne répéterons plus. Pendant la végétation qui suit cette première taille, on surveille le développement en bourgeons de tous les yeux ; et si ceux qui avoisinent de plus près celui du prolongement, prenaient une force telle qu'elle fût nuisible, il faudrait les pincer selon le besoin. Si, au contraire, la flèche croissait avec une vigueur capable d'affaiblir les bourgeons les plus inférieurs, ce serait à elle que le pincement devrait être appliqué. La fig. 10, pl. VIII, représente l'état du jeune arbre au moment de la première taille. Il a été pincé en *a*, et on le taille en *b* sur un œil placé à l'opposé de la greffe *c*.

Dans le second cas, qui est celui où la tige aurait quelques faux rameaux, on se rendra un compte exact de leur force relative et de leur position. Si, par exemple, ces faux rameaux occupaient une place trop élevée et qu'il restât, au-dessous d'eux, des yeux non développés et affaiblis, il faudrait tailler la flèche court, et supprimer, sur leur empatement, les faux rameaux inférieurs à la coupe, pour les remplacer par les productions affaiblies de leurs sous-yeux. En même temps, on ferait une incision horizontale au-dessus des yeux plats de la base, pour réveiller leur énergie vitale. La fig. 11, pl. VIII, montre un jeune élève dans ce cas. Le pincement opéré en *a* a fait ouvrir les faux bourgeons *b*,*b*,*b*. On taille sur l'œil *c* ; on rabat sur leur talon les faux rameaux *b*,*b*,*b* ; on fait une incision au-dessus des yeux *d*,*d*, appauvris, et on laisse, sans aucune opération, les yeux *e*,*e*, qui peuvent se suffire.

Mais, si tous les yeux se sont ouverts en faux bourgeons, devenus faux rameaux, on les utilise pour en faire des branches latérales. Dans cet état, après avoir taillé la flèche à la hauteur nécessaire, et toujours plus long, proportion gardée, que dans le cas précédent, on taille les faux rameaux en descendant sur un œil en dessous ; toutefois, on a soin de tailler progressivement plus long les rameaux à mesure qu'ils s'éloignent du terminal, et de façon à conserver la plus grande longueur à ceux placés le plus bas, qu'on laisse quelquefois même intacts. La fig. 12, pl. VIII, où les coupes sont indiquées par un trait horizontal, suffit à cette démonstration.

La végétation qui suit cette opération, est surveillée selon les principes émis plus haut.

Deuxième taille. Si, pendant la belle saison précédente, on a eu soin de pratiquer les pincements nécessaires, la deuxième taille ne présente aucune difficulté. On coupe la flèche sur une longueur proportionnée au développement général du jeune arbre, et au-dessus d'un œil bien placé pour la perpendicularité régulière de la tige. On taille ensuite chaque rameau d'une longueur relative à la place qu'il occupe, et convenablement calculée pour le développement régulier des yeux qu'on lui laisse. On taille toujours sur un œil en-dessous, parce qu'il donne à la branche une direction horizontale, allant en rayonnant du centre à la circonférence. Il n'y a d'exception à cette règle, que quand il y a nécessité de changer cette direction pour la faire obliquer à droite ou à gauche, et pour autant que cela soit nécessaire à la régularité de l'arbre. Dans ce cas, on taille le rameau sur un œil placé du côté vers lequel on veut attirer sa direction. Un jeune arbre ainsi taillé, doit avoir ses branches latérales plus longues du bas et allant en diminuant vers le haut.

Mais si, faute de pincements faits en temps utile, ou par toute autre cause, quelques désordres se sont manifestés dans l'élève dont on s'occupe, il faut y remédier avec le plus grand soin. Il est d'une importance incontestable que les premières formations d'un arbre soient faites avec une grande exactitude, si l'on veut qu'il ait, pendant toute son existence, une forme aussi irréprochable qu'on peut l'obtenir. Toutefois, comme les désordres qui surgissent dans le début de la formation des pyramides, sont plus sensibles encore à la taille suivante, nous réunirons, à cette occasion, l'ensemble des défauts auxquels il importe de remédier de bonne heure.

Troisième taille. Les principes et les moyens déterminés pour la seconde taille, sont identiquement ceux qui peuvent s'appliquer à la troisième taille et aux suivantes, toutes les fois que la végétation a eu lieu normalement, ou que la surveillance a été exercée avec assez d'exactitude, pour arrêter tout désordre par un pincement fait à propos.

Mais ils sont insuffisants, lorsque quelques défauts se sont manifestés. Nous avons, dans les principes généraux de la taille du poirier, prévu quelques-uns des cas les plus ordinaires; il nous en reste quelques autres à examiner, parce qu'ils sont plus spéciaux à la forme en pyramide.

Ainsi, nous allons nous occuper d'abord de l'équilibre à maintenir entre la flèche et les autres parties de la pyramide. Quand celles-ci se trouvent en rapport parfait de force avec celle-là, rien n'est plus facile à conserver par une taille relativement égale, mais la flèche peut avoir une supériorité telle qu'elle appauvrisse les parties inférieures, ou une faiblesse assez grande pour faire craindre que l'arbre ne se couronne.

Dans le premier cas, on taille la flèche et les rameaux qui sont ses plus proches voisins, assez court pour leur enlever une certaine quantité d'yeux, afin de les affaiblir. On taille graduellement plus long les rameaux des branches inférieures dans une proportion calculée sur le rang qu'ils occupent, et on laisse même entiers ceux de sa base. On peut encore espérer d'atténuer la vigueur de la flèche et des branches les plus élevées, en éventant l'œil terminal sur lequel on les taille, c'est-à-dire en coupant très-près de lui. Toutefois, à ce moyen chanceux et qui exige une main exercée et sûre, nous conseillons de préférer la coupe ordinaire, et de maintenir, dans des limites modérées, les pousses de ces parties dominantes, par un pincement plus ou moins sévère, selon la nécessité. En même temps, on favorise le développement des parties faibles de la base, par des entailles au-dessus de l'empatement des branches languissantes, par des incisions longitudinales, et, enfin, par une incision annulaire sur la tige au-dessous des ramifications vigoureuses, et conséquemment au-dessus de celles qui sont en souffrance. Si l'arbre est en état de fructifier, on aide encore au résultat désiré par la suppression des fruits sur les parties faibles, et par leur maintien intégral sur les autres.

Quelquefois la flèche est appauvrie, son écorce est sèche, et elle est dépassée par les branches qui l'avoisinent. Si, malgré ce triste état, ses yeux étaient sains et bien constitués, on pourrait la maintenir entière, et tracer sur sa longueur, plusieurs incisions longitudinales ; démonter entièrement la branche qui se trouve le plus rapprochée d'elle, et tailler, sur leur empatement, les deux qui viennent immédiatement après. On taille ensuite les rameaux des autres branches latérales, selon leur force et leur position. Enfin, à l'exception de l'incision annulaire, tous les moyens employés précédemment peuvent être mis en usage, mais en sens inverse.

Lorsque la flèche est entièrement compromise, ce qui a lieu dans les arbres couronnés, il n'y a d'autre moyen que de la rabattre sur la branche inférieure la mieux disposée pour la remplacer. On redresse le rameau de celle-ci le plus verticalement possible, et on l'assujettit, dans cette position, au moyen d'un tuteur. On le taille enfin lui-même sur un œil qui formera le prolongement de la flèche. On a soin ensuite de réduire à des proportions convenables les branches environnantes, et de diminuer, par les moyens indiqués, la vigueur particulière de toutes celles qui sont trop dominantes et qui rompent l'équilibre général.

Il arrive que, dans des variétés très-fertiles, tous les yeux se convertissent en boutons, et que les rameaux qui terminent les branches sont couronnés par un bouton à fleur ; quelquefois même la flèche est terminée par une production semblable. On conçoit qu'une pareille fécondité aurait, sur l'avenir de l'arbre, la plus triste influence. Dans ce cas, on supprime, avec des ciseaux, tous les boutons à fleurs terminaux sans la moindre exception, et au moment le plus rapproché de leur épanouissement. Dans cette opération, on a soin de ménager une partie de leur support. Il en résulte que les sous-yeux, excités par l'affluence de la séve, se développent et donnent des productions parmi lesquelles on choisit un bourgeon terminal pour le prolongement. On supprime ensuite, sur la longueur des branches et des rameaux, les boutons qu'on juge surabondants, et on règle cette suppression sur la vigueur particulière à la branche sur laquelle on opère, de manière à faire servir ce déchargement à ramener l'équilibre entre les branches d'inégale force. Le résultat de cette opération, qui laisse les rameaux entiers, doit être surveillé avec soin.

Si les rameaux de quelques branches seulement étaient terminés par un bouton à fleur, on le supprimerait de la même manière, et on taillerait les rameaux terminaux des autres branches constituées normalement, selon les principes que nous avons établis, en diminuant leur vigueur par une taille plus courte, relativement à ces rameaux couronnés, et en raison de leur force réciproque.

Lorsqu'une branche latérale est épuisée par une longue production, on la rabat, sur son insertion, à l'épaisseur d'une pièce de 5 fr., afin de la renouveler. Quelquefois la tige seule d'une pyramide est vive, tandis que toutes les branches latérales sont usées. On peut les rabattre toutes de la même manière et faire de la tige un véritable manche à balai. On taille ensuite la flèche selon l'état des yeux de son rameau. Tous les sous-yeux, restés intacts dans l'empatement des branches, se développent pendant la végétation qui suit cette taille, soit spontanément, soit à l'aide d'incisions horizontales ou d'entailles, et l'on dirige leur croissance par le pincement, afin de reconstituer régulièrement les branches latérales de la pyramide.

En combinant ce que nous venons de dire avec les principes de taille précédemment exposés, on doit parvenir, sans trop de difficulté, à établir une pyramide régulière. S'il se forme sur sa hauteur quelques vides désagréables, on parvient quelquefois à y faire naître un œil par une entaille ou par l'incision annulaire ; et si ces moyens sont insuffisants, la greffe par approche d'un rameau du même arbre ou celle en fente de côté, fig. 1 et 16, pl. II, amènent ce résultat.

Nous ne sommes pas partisan des bifurcations, car nous trouvons qu'un poirier est d'autant plus parfait, sous tous les rapports, que ses branches sont mieux filées et exemptes de ramifications. Son aspect est plus agréable et la séve circule plus également dans des branches où aucune insertion ligneuse n'obstrue sa route. Cependant, il est quelquefois commode, dans une pyramide, d'employer une bifurcation pour remplir un vide. On obtient cette bifurcation, en taillant le rameau sur un œil latéral choisi en dessous, et suivi immédiatement d'un œil de côté tourné vers la partie nue qu'il s'agit de garnir. C'est le moyen analogue à celui qu'on emploie pour prolonger une branche mère, et pour prendre en même temps une secondaire en dessous. Seulement, dans les pyramides, une bifurcation doit toujours être prise de côté et jamais dessous ni dessus. On veille à ce que les deux yeux choisis se développent également, et on favorise le plus faible par les moyens connus.

Une pyramide, pour être parfaite, doit avoir la forme d'un cône régulièrement assis sur sa base. La branche la plus inférieure doit être à 30 centimètres du sol, afin qu'il reste assez d'espace pour pouvoir manœuvrer les outils destinés à donner au sol les façons nécessaires. Dès la quatrième taille (Voyez fig. 13, pl. VIII, un poirier qui vient d'être taillé pour la quatrième fois), cette forme doit être déjà bien dessinée. Lorsque la formation est complète, la pyramide doit avoir un diamètre égal à deux fois et demie sa hauteur. Les branches latérales sont circulairement insérées autour de l'axe central ou de la tige, sans qu'aucune d'elles soit immédiatement au-dessus d'une autre, ce que facilite la position alterne des yeux. Deux branches ne doivent jamais prendre naissance sur la même couronne ; on doit y veiller dès les premières tailles, et empêcher la confusion que pourraient produire les résultats d'yeux trop rapprochés. (La fig. 14, pl. VIII, est une pyramide achevée.)

B. De la pyramide en étoile à cinq rayons. — Nous avons vu, au jardin des Plantes de Paris, deux de ces pyramides formées par M. Cappe, chef des cultures fruitières de ce bel établissement. Elles nous ont paru joindre à un aspect fort élégant plusieurs avantages dont les principaux sont de procurer une plus grande somme de lumière et d'air aux branches latérales, et de favoriser, par cette raison, une meilleure et plus uniforme maturité des fruits.

Cette forme exige beaucoup de précautions. Le jeune arbre que l'on veut conduire ainsi, est planté comme pour la pyramide ordinaire. Auprès de lui on enfonce un fort tuteur, qui doit dépasser la flèche. Autour de son sommet, on fiche cinq clous solidement implantés. On opère la première taille, qui a été précédée par un pincement, à 30 centimètres du sol, de façon à rassembler dans cet espace un certain nombre d'yeux. On plante, autour du poirier, cinq piquets en bois formant une étoile semblable à la fig. 2, pl. IX, qui représente une pyramide à cinq rayons, vue à vol d'oiseau. Ces cinq piquets se voient en *a*, *a*, *a*, *a*, *a*, de la fig. 1re. Du sommet du tuteur *B* à ces piquets, on tend cinq fils de fer, vers lesquels doivent être dirigées les branches destinées à former les rayons de l'étoile. On choisit sur la tige, au-dessous de la coupe, les cinq yeux les plus rapprochés du terminal et les mieux disposés pour la formation des cinq rayons inférieurs. Dès que ces yeux s'ouvrent et se prolongent en bourgeons, on dirige ceux-ci, aussitôt qu'ils peuvent être attachés sans danger, vers les fils de fer, à l'aide de petits tuteurs ou de baguettes convenablement disposés, et sur lesquels on les assujettit lâchement au moyen d'une embrasse de drap ou d'un fil de laine à greffer. On surveille en même temps la croissance du bourgeon terminal, de manière à ce qu'elle ne nuise pas aux productions inférieures, et que les yeux qui se formeront à sa base ne s'éteignent pas. Quand on a été assuré de la pousse des cinq yeux choisis, on ébourgeonne ceux qui seraient surabondants et notamment ceux qui seraient au-dessous d'eux.

A la deuxième taille, on coupe la flèche dans la proportion de sa vigueur particulière et de sa force relativement aux cinq rameaux de sa base. Il faut aussi que cette taille permette la formation de cinq nouveaux rameaux superposés aux premiers, et que l'on dirigera vers les fils de fer par les mêmes procédés, en éborgnant les yeux surabondants. Quant aux rameaux inférieurs, on les traite selon leur état. On taille sur deux ou trois yeux les plus forts, en choisissant le terminal en dessous, pour qu'il prenne naturellement une direction horizontale et rayonnante. On peut laisser entiers les rameaux trop faibles. On veille à ce que les nouveaux rameaux soient éloignés d'au moins 16 centimètres de ceux qui sont précisément au-dessous d'eux dans chaque aile.

A la troisième taille, on continue le prolongement de la flèche selon les principes établis, et on taille, comme nous venons de le dire, la seconde série de rameaux, en ayant égard à l'équilibre de forces qu'il faut tâcher de maintenir. Quant aux cinq premiers rameaux, on les prolonge toujours par la taille sur un œil en dessous, en taillant plus ou moins long, selon leur état. On favorise par des incisions horizontales ou par des entailles pratiquées au-dessus d'eux, ceux qui seraient languissants, tandis qu'on ralentit, par les mêmes moyens appliqués en dessous, ceux dont la vigueur paraîtrait inquiétante. Pendant la végétation précédente, on a dû pincer les bourgeons qui se sont développés sur le bois de deux ans, et surtout ceux des côtés, qui ont d'autant plus de tendance à se développer, quand la pyramide est plus élevée, qu'ils jouissent de plus d'air et de lumière que les yeux placés dessus et dessous. On examinera les résultats de ces pincements, pour employer les moyens propres à en faire des productions fruitières. Il faut éviter les bifurcations et prendre toutes les précautions qui tendent à conserver les branches simples.

Le reste de la formation se fait, comme nous venons de le dire, et les branches qui composent les rayons, arrivent aux fils de fer et constituent cinq ailes qui vont en diminuant progressivement de la base au sommet. Avons-nous besoin de dire que tous les moyens accessoires de la taille s'emploient dans cette forme, autant pour maintenir l'équilibre que pour remplir les vides, et pour traiter convenablement les productions fruitières?

On peut former des pyramides à trois et à quatre ailes par les mêmes procédés.

C. Du poirier en fuseau.— C'est dans le jardin de l'École de médecine de Paris que nous avons vu des poiriers ainsi taillés par M. L'Homme, jardinier en chef. Cette forme, imaginée vers 1824 par M. Choppin, propriétaire, à Bar-le-Duc, ne paraît pas très-répandue, puisque les arbres dont nous venons de parler sont les seuls, à notre connaissance, qui aient été traités ainsi.

Cependant, elle est agréable à l'œil, et le peu d'espace qu'elle occupe, permet de planter les arbres à des distances rapprochées, et d'en réunir ainsi un grand nombre sur un terrain de peu d'étendue. C'est, à proprement parler, une pyramide aux proportions restreintes, quant au diamètre, qui ne doit pas excéder 40 centimètres au plus dans sa plus grande dimension. Sa hauteur peut être portée de 6 à 8 mètres. Le diamètre diminue graduellement jusqu'à l'extrémité.

On forme le fuseau par les moyens que nous avons indiqués pour la pyramide. Seulement, comme on ne laisse prendre que peu de développement aux branches latérales, on allonge davantage la flèche à chaque taille, de façon qu'on arrive plus tôt à la hauteur que peut prendre le poirier, selon sa variété, la nature du terrain et l'espèce de sujet sur lequel il est greffé. Bien qu'un tel arbre doive être, comme la pyramide, garni de branches formant la spirale, l'auteur de cette forme s'embarrasse fort peu des vides que peut produire l'allongement de la tige. Il emploie, pour les remplir, l'incision annulaire, qui fait développer au-dessous d'elle des bourgeons pour garnir la place nue, et qui excite la fécondité des parties qui lui sont supérieures.

Il la répète plusieurs fois ; et, tout en obtenant les résultats qu'il en espère, il ne s'est jamais aperçu qu'elle nuisît, d'aucune manière, au bon état de l'arbre. Toutefois, nous croyons qu'il est plus rationnel de procéder au prolongement de la tige par des tailles annuelles moins allongées, et qui maintiennent la vitalité convenable dans tous les yeux que l'on conserve au-dessous d'elle.

Quant aux branches latérales, il faut les établir simples et sans ramifications. Aussitôt que le bourgeon qui doit les constituer se développe, on en surveille la croissance pour la modérer par le pincement, qui donne aux yeux dont il se garnit, une organisation plus forte et les rapproche davantage. Si ce pincement fait ouvrir de faux bourgeons, on les pince à leur tour pour arriver à les convertir en productions fruitières. Le rameau pincé sera, à la taille suivante, taillé sur deux ou trois yeux. S'il porte un ou deux faux rameaux, on les rabat sur leur talon; et, si les productions qui résultent de leurs sous-yeux, au lieu d'être à fruits, sont des bourgeons, on les pincera de bonne heure ou on en cassera l'extrémité, surtout s'ils annonçaient des dispositions à devenir gourmands. La concentration de la séve, par le rapprochement continuel des branches latérales, fait souvent percer sur la tige des brindilles et des dards qu'on met à fruit, comme nous l'avons déjà dit. Ce rapprochement continuel des rameaux terminaux, en dissipant une certaine somme de séve, finit par constituer en rosette et en lambourde les yeux les plus rapprochés de l'insertion. Il résulte de ces opérations que les arbres se chargent de beaux fruits, qui, n'étant pas cachés sous de longues branches horizontales, sont parfaitement colorés et profitent de toutes les influences atmosphériques.

Une fois la fougue de la séve passée, la production devient régulière, et les lambourdes et bourses, dont les branches latérales se chargent, s'épuisent moins vite, entretenues qu'elles sont par une plus grande quantité de séve.

Si, par l'effet d'une taille aussi courte que celle qu'on applique aux poiriers en fuseau, il y avait agglomération de bourgeons près de la coupe du rameau terminal d'une branche, monstruosité à laquelle on donne le nom de *tête de saule*, il faudrait supprimer immédiatement, et pendant le cours de la végétation, tout ce qui surpasse le bourgeon le plus inférieur. Si, par suite de cette opération, celui-ci prenait trop de prépondérance, il faudrait le pincer et traiter de même les faux bourgeons qui viendraient à s'ouvrir par l'effet de ce pincement.

Quant aux productions fruitières, leur conduite et leur taille sont conformes aux principes précédemment établis.

D. Poirier en girandole. — La formation du poirier en girandole ne diffère de celle de la pyramide que par la distribution des branches qui, au lieu d'occuper, sans interruption du bas en haut, toute la longueur de la tige, forment des groupes étagés à des distances déterminées. Pour obtenir ces vides, on ébourgeonne, sur chaque prolongement annuel de la flèche, tous les bourgeons nés sur la place qui doit rester nue. Le dernier étage de la girandole se termine en pyramide.

Les étages ont une épaisseur plus grande en bas qu'en haut et qui diminue graduellement suivant leur nombre; les intervalles décroissent aussi de bas en haut. Ces étages ou verticilles sont ronds ou carrés, et leur diamètre va en diminuant en raison de leur rapprochement du sommet. Toutes ces dimensions s'établissent arbitrairement selon le goût de celui qui opère, pourvu qu'il tienne compte des proportions que nous avons indiquées.

Cette taille convient aux variétés qui, pour mûrir parfaitement et pour acquérir tout leur parfum, ont besoin d'une plus grande quantité d'air et de lumière. Elle partage, au reste, ces avantages avec la pyramide en étoile et en fuseau, ainsi qu'avec d'autres formes dont nous allons parler, et qui offrent moins de difficultés dans leur établissement et dans leur conservation.

E. Poirier en vase ou gobelet. — Ces deux formes ne diffèrent que par leur dimension; la manière de les établir est la même; seulement le nombre de branches mères est d'autant plus considérable qu'on se propose de donner à l'arbre un diamètre plus grand.

Voici comment on conduit cette taille : on coupe la flèche du jeune arbre planté, comme pour une pyramide, au-dessus du 3e, 4e ou 5e œil, selon qu'on veut avoir 3, 4, ou 5 mères branches. Nous supposons, dans ce que nous allons dire, qu'on en veuille cinq. (Fig. 3, pl. IX.)

Pendant la végétation de cette première année, les cinq bourgeons prennent leur croissance, et doivent devenir la charpente du vase. On place, autour de la tige, quatre forts piquets qu'on enfonce en terre de 30 à 40 centimètres et l'on fixe sur eux un cerceau de 20 à 25 centimètres de diamètre, dont le jeune arbre occupe précisément le centre. C'est sur la circonférence extérieure de ce cerceau qu'on attache les cinq bourgeons. Il convient de les envelopper, au point de contact, d'un bourrelet de mousse, et de les ligaturer avec un gros fil de laine qui les maintienne sans les serrer. Ces bourgeons sont assujettis à des intervalles égaux. (Fig. 4, pl. IX)

A la seconde taille, on détache les cinq rameaux et, s'ils sont vigoureux, on les taille sur trois yeux, sinon sur deux yeux seulement. Après la taille on les palisse de nouveau sur le cerceau.

A la troisième taille, on supprime tous les bourgeons venus à l'intérieur du vase. Cependant, si l'une des branches mères était languissante et qu'un bourgeon nouveau se présentât convenablement pour la remplacer, on l'emploierait à cet effet en supprimant la branche affaiblie. On retranche également les bourgeons développés en dehors des branches mères, et dont la direction est contraire à la forme arrondie qu'on recherche. Quant aux rameaux venus latéralement, on les taille sur le 4e ou 5e œil, suivant leur force. Cet œil est choisi en dehors, pour que son bourgeon s'écarte davantage de l'intérieur de l'arbre.

Les rameaux qui terminent les branches sont taillés sur un œil en dehors pour leur prolongement. On palisse toutes les pousses selon le besoin. On ébourgeonne, pendant la végétation, tous les bourgeons qui se forment à l'intérieur du vase et ceux qui, sortis en dehors, prennent une direction excentrique.

La 4e taille est la répétition de celle-ci. Seulement il s'agit, de plus, de former sur chaque branche mère la première bifurcation. Autant qu'il est possible, il convient que cette bifurcation soit à la même hauteur sur chacune d'elles ; ce qui rend plus égale la répartition de la sève. Pour cela, il ne faut pas craindre de rapprocher celle des branches mères qui serait plus élevée, et de sacrifier les rameaux qu'elle pourrait porter à son sommet.

La manière d'établir cette bifurcation exige quelques explications. On taille sur un œil de côté, suivi le plus près possible d'un autre œil, également de côté, mais opposé. S'il se trouvait entre eux un œil mal placé, on l'éborgnerait, pour qu'il ne nuisît pas, en se développant, à la vigueur du second œil choisi dont la croissance, malgré l'inconvénient de sa position plus basse, doit être maintenue l'égale de celle du premier; s'il est nécessaire, on obtient ce résultat par le pincement de ce dernier. Lorsque les deux yeux opposés poussent, ils forment, avec la branche, une figure à peu près semblable à celle d'un Y, telle qu'on la voit en A, fig. 5, pl. IX. Cette taille, fort importante pour la forme en vase, a l'avantage de faire dévier encore le canal direct de la séve, et de garnir régulièrement la circonférence du vase, dont le diamètre va en augmentant.

La taille des années suivantes ne diffère aucunement de celle-ci. Le rameau terminal de chaque branche reçoit cette même taille en Y, qui a l'avantage de répartir également la séve, d'empêcher la croissance des gourmands, de placer les fruits dans une exposition aérée, qui les colore convenablement et d'en augmenter l'abondance. La fig. 5 représente une branche mère avec ses bifurcations en Y, qui élargissent sa surface dans la proportion que l'évasement rend nécessaire.

Il va sans dire qu'à mesure que les branches s'allongent, il convient de placer un nouveau cerceau à 30 ou à 40 centimètres au-dessus du premier. Chaque nouveau cerceau augmente de diamètre en raison de l'évasement, plus ou moins grand, qu'on veut donner à l'arbre. Les branches devenues fortes, ayant pris par le bas le pli nécessaire, n'ont plus besoin de cerceaux inférieurs ; on supprime donc ceux-ci au fur et à mesure de leur inutilité, ainsi que les piquets qui les soutenaient, parce que désormais le cerceau est fixé sur les branches qui sont en état de le supporter. Mais on doit continuer, sans cesse, les précautions indiquées pour le palissage et les ligatures ; seulement on aura soin, chaque année, de renouveler celles-ci, afin que les branches, en grossissant, ne soient pas étranglées par les anciens liens.

On établit des vases ou gobelets à quelques centimètres du sol et sur des tiges plus ou moins élevées.

On a fait beaucoup d'objections contre la forme en vase. On lui reproche particulièrement d'ombrager pendant une grande partie du jour les fruits qui croissent à l'intérieur et du côté du nord; de retarder leur maturité d'une manière sensible, et d'empêcher qu'ils n'acquièrent le coloris et le parfum des autres. Ces reproches nous paraissent exagérés, et s'adresseraient mieux aux hauts-vents. Lorsqu'un poirier en vase est dans une position convenable et que son diamètre supérieur est assez grand, il a un aspect pittoresque dans un grand jardin fruitier; et si ses fruits ne mûrissent pas tous à la fois, ce n'est pas un désavantage, puisqu'il en résulte une jouissance plus prolongée.

F. Poiriers à haut-vent. — La taille du haut-vent est la moins difficile de toutes ; c'est l'enfance de l'art. Les poiriers qu'on veut conduire ainsi, sont greffés sur franc, près de terre, pour les arbres qu'on élève en pépinière et qui sont destinés à la déplantation, ou à la hauteur de 2 mètres et même plus, pour ceux qui restent en place.

Dans le premier cas, on élève la tige à la hauteur voulue, en amusant la séve par des productions faibles sur sa longueur, pour aider à son grossissement, et l'on supprime complétement ces productions, quand le moment est venu de commencer la formation de la tête.

On forme la tête des hauts-vents, en la coupant à cinq ou six yeux. Ces yeux ne manquent pas de pousser des bourgeons. On choisit les quatre mieux venants pour former les mères branches. On taille les rameaux qui en résultent, sur quatre à six yeux, selon leur force. La coupe est assise sur un œil de devant, pour provoquer sa pousse à s'écarter davantage du tronc. Chacune des quatre branches, ainsi taillée, pousse au printemps suivant plusieurs bourgeons. On supprime tous ceux dont la direction se porte vers l'intérieur, et l'on maintient tous les autres jusqu'à la taille suivante. Alors on coupe, selon leur force, les branches à conserver, et qui doivent être disposées de manière à donner à l'arbre une forme agréable ; on supprime toutes celles qui feraient confusion par leur rapprochement. On fait cette suppression rez l'écorce, pour détruire, du même coup, les sous-yeux de leur couronne. Pendant les années suivantes, il suffit de débarrasser les arbres des bourgeons intérieurs qui, croissant trop près du sommet du tronc et dans une direction verticale, tendraient à rétablir le canal direct de la séve, et pourraient ruiner les branches formées autour de la tige. On les débarrasse aussi annuellement de tout le bois mort, et l'on supprime les bourgeons qui pourraient croître le long du tronc.

Dans les années d'abondance, il arrive que les hauts-vents se chargent tellement de fruits qu'ils sont épuisés, et ne donnent plus de récolte pendant deux ans. Le moyen d'éviter cet inconvénient et de s'assurer des fruits pour l'année suivante, c'est de supprimer une partie des surabondants, quand ils ont pris le tiers de leur grosseur. Il en résulte un autre avantage, c'est que ceux que l'on conserve prennent plus de volume et de parfum, et sont moins graveleux.

Nous pourrions encore indiquer quelques autres formes à donner au poirier, qui se prête volontiers à toutes celles qu'on veut lui faire prendre ; mais il nous semble en avoir décrit assez, pour que l'amateur et le jardinier intelligent puissent lui appliquer telle autre disposition qui leur plairait davantage.

CHOIX DES MEILLEURS POIRIERS

AVEC L'INDICATION DE LA CULTURE PROPRE A CHAQUE VARIÉTÉ.

Toutes les variétés de poiriers peuvent être cultivées en espalier, mais nous avons cru devoir n'indiquer cette culture que pour celles auxquelles elle convient le mieux.

Nous avons épuré cette nomenclature d'une masse de poires d'automne qui, gagnées et introduites depuis peu d'années, ne font que des doubles emplois, et sont propres, tout au plus, à grossir les catalogues et à embarrasser les planteurs.

H. V. signifie haut-vent.
Pyr. — pyramide.
Esp. — espalier.

Amiré Johannet. PETIT SAINT-JEAN. POIRE ST-JEAN. Arbre vigoureux et fertile, qui exige une terre substantielle ; pour H. V. et Pyr. Fruit demi-cassant, mais tendre, petit, allongé ; de deuxième qualité ; cultivé pour sa précocité ; fin de juin, dans les terres légères ; en juillet, dans des terrains froids ou mal exposés.

Ananas. POIRE ANANAS. Arbre vigoureux et fertile ; pour H. V.-Pyr.-Esp. au levant. Fruit fondant, moyen, turbiné ; de toute première qualité ; octobre.

Angélique de Bordeaux nouvelle. Arbre assez vigoureux ; pour Pyr. et Esp. au midi ou au levant. Fruit fondant, gros, pyramidal ; de première qualité ; avril-mai. Cette poire doit trouver sa place parmi les beurrés.

Bartlett de Boston. (Espèce américaine.) Arbre de moyenne vigueur, fertile; Pyr. Fruit gros. fondant; de première qualité; septembre.

Beau-présent. GROSSE CUISSE-MADAME. BEURRÉ DE PARIS. CUEILLETTE. ÉPARGNE. ST-SAMSON. Par erreur, CUISSE-MADAME. Arbre très-fertile et très-vigoureux, prenant difficilement la forme pyramidale; pour H. V. et Esp. au couchant ou au nord. Fruit fondant, allongé et assez gros; de première qualité, quand l'arbre est planté dans un terrain chaud et sec ; commencement d'août.

Beau-présent d'Artois. PRÉSENT ROYAL DE NAPLES. Arbre vigoureux et très-fertile; pour Pyr. et H. V. Fruit demi-fondant, gros, allongé; de première qualité; fin d'août et septembre.

Belle d'Esquermes. Arbre assez vigoureux et fertile ; pour Pyr. et Esp. au couchant. Fruit fondant, pyriforme, assez gros ; de toute première qualité ; septembre.

Belle des Flandres. Arbre assez vigoureux et assez fertile ; pour Pyr. dans une terre légère et chaude. Fruit fondant, très-gros, ovale ; de première qualité ; octobre.

Belle excellente. Arbre assez vigoureux et très-fertile; pour Pyr. et Esp. au couchant ou au nord. Fruit fondant, assez gros, ovale, se terminant en pointe vers le pédoncule ; de première qualité ; octobre.

Belle Henriette. HENRIETTE. (Van Mons.) Arbre vigoureux et fertile; pour Pyr. et Esp. au levant. Fruit fondant moyen, turbiné-obtus ou en pyramide tronquée ; de première qualité ; novembre.

Belle de Noël. BELLE APRÈS NOEL. FONDANTE DE NOEL. (Esperen.) Arbre fertile, moyen ; pour Pyr. et Esp. au midi, avec la précaution de couvrir le pied d'une tuile, si la greffe est faite sur cognassier. Fruit fondant, moyen, plus large que haut, fortement fouetté de rouge du côté du soleil; de première qualité ; décembre-janvier.

Bergamote crassane. CRASSANE D'AUTOMNE. Arbre vigoureux et fertile auquel il faut un sol un peu frais ; pour Esp. au midi, si le terrain est argileux et froid ; au levant, s'il est chaud et arénaire. Fruit fondant, gros, arrondi ; de première qualité ; octobre-novembre.

Bergamote crassane d'hiver. BERGAMOTE DE BRUNONT. BEURRÉ BRUNEAU. Arbre peu vigoureux, très-fertile ; pour Pyr. et Esp. au midi ou au levant. Fruit fondant, assez gros, plus large que haut, à pédoncule très-mince ; de première qualité ; janvier-février.

Bergamote de Pâques. BERGAMOTE D'HIVER. BERGAMOTE BUGI. Arbre vigoureux et assez fertile, se formant très-bien en pyramide, pour H. V.-Pyr.-Esp. au midi ou au levant. Fruit demi-fondant, gros, arrondi, un peu turbiné ; de première qualité ; janvier-mars.

Bergamote d'Esperen. (Esperen.) Arbre très-vigoureux et très-fertile ; pour Pyr. et Esp. au midi ou au levant. Fruit fondant, assez gros, dont le diamètre égale la hauteur ; de toute première qualité dans les terres légères et riches ; mars-avril.

Bergamote d'été. MILAN DE LA BEUVRIÈRE. FAUSSE BELLE DE BRUXELLES. FANFAREAU. ST-MICHEL. A Liége : BERGAMOTE SUISSE. Arbre robuste et assez fertile ; pour H. V. et Pyr. Fruit fondant, gros, aplati ; de toute première qualité, s'il est cueilli à temps ; septembre.

Bergamote Cassart. Arbre assez vigoureux et fertile ; pour H. V.-Pyr.-Esp. au midi ou au levant. Fruit fondant, moyen ; de première qualité ; décembre-janvier.

Bergamote lucrative. BERGAMOTE FIÉVÉ. Arbre vigoureux, très-fertile ; pour H. V.-Pyr.-Esp. au levant, au couchant et même au nord. Fruit fondant, moyen ou gros, rond-aplati ; de première qualité ; octobre.

Beurré aurore. Cette variété est généralement confondue avec le beurré Capiaumont. Le beurré aurore a la peau jaune-aurore du côté du soleil, d'où son nom ; le beurré Capiaumont a la peau entièrement verte. Le bois du premier n'est pas très-vigoureux ; celui du second est brun, fortement tiqueté de taches blanches et d'une grande vigueur. Arbre très-fertile ; pour Pyr. Fruit fondant, moyen, turbiné ; de première qualité ; fin d'octobre.

Beurré Beauchamps. Arbre très-vigoureux et très-fertile ; pour H. V.-Pyr.-Esp. au levant ou au couchant. Fruit fondant, moyen, turbiné, parfois aussi large que haut ; de première qualité ; novembre.

Beurré Beaumont. Arbre peu vigoureux, fertile, se formant bien en pyramide ; pour Pyr. Fruit fondant, moyen, turbiné ou arrondi ; de première qualité ; décembre-février. Cette variété réussit mieux sur franc.

Beurré blanc. BONNE ENTE. POIRE NEIGE. Par erreur MILAN BLANC. Arbre vigoureux et très-fertile, qu'on taille court pour l'empêcher de s'épuiser ; pour H. V.-Pyr.-Esp. au couchant ou au nord. Fruit fondant, gros, pyriforme-turbiné ; de première qualité ; mi-septembre.

Beurré blanc des Capucins. BEURRÉ DES CAPUCINES. Arbre assez vigoureux pour Pyr. et mieux pour Esp. au levant. Fruit fondant, gros, ovale-ventru ; de première qualité ; octobre.

Beurré Bretonneau. (Esperen.) Arbre assez vigoureux et fertile, qui réussit mieux sur franc que sur cognassier ; pour H. V.-Pyr.-Esp. au midi et au levant. Fruit fondant, gros, ovale ou pyramidal-turbiné, assez variable dans sa forme, ordinairement obtus, à surface unie sans côtes ni bosses prononcées ; de première qualité ; janvier-mars.

Beurré bronzé. Arbre très-fertile ; pour Pyr. et Esp. au levant ou au couchant. Fruit gros, pyriforme-turbiné ou ovale-obtus, peau de couleur bronzée ; de première qualité ; décembre-janvier.

Beurré Brougham. (Variété anglaise.) Arbre peu vigoureux, très-fertile ; pour Pyr. et Esp. au levant et au couchant. Fruit gros, fondant ; de première qualité ; novembre.

Beurré Capiaumont. Ne pas confondre avec le beurré aurore. Arbre très-vigoureux, à écorce brune tiquetée de blanc ; pour H. V. et Pyr. Fruit fondant, moyen, pyriforme ; de première qualité dans les bons terrains ; octobre.

Beurré d'Amanlis. WILHELMINE. POIRE DELBERT OU D'ALBERT. POIRE HUBARD. POIRE KAISSOISE. (Van Mons.) Arbre très-vigoureux et fertile ; pour H. V.-Pyr.-Esp. au couchant ou au nord. Fruit fondant, gros, ovale-turbiné ; de première qualité ; septembre.

Beurré d'Angleterre. BEC D'OIE. POIRE D'AMANDE. Arbre très-grand et très-fertile, très-propre à la grande culture, réussissant difficilement sur cognassier ; pour H. V. et Pyr. Fruit fondant, petit ou moyen, ovoïde-allongé ; de première qualité ; septembre.

Beurré d'Angleterre de Noisette. GROSSE ANGLETERRE DE NOISETTE. GROSSE POIRE D'AMANDE. Par erreur, BELLE DE NOISETTE. Arbre très-grand et fertile ; pour H. V.-Pyr.-Esp. aux quatre expositions. Fruit fondant, moyen ou assez gros, turbiné-pyriforme ; de première qualité ; sept.-octobre.

Beurré d'Arenberg. BEURRÉ DESCHAMPS. COLMAR DESCHAMPS. BEURRÉ DES ORPHELINS. DÉLICES DES ORPHELINS. ORPHELINE D'ENGHIEN. (Deschamps.) Arbre moyen, assez vigoureux et d'une grande fertilité, quand il est cultivé en Esp. au midi ou au levant. Fruit fondant, moyen ou assez gros, pyriforme, renflé au milieu, souvent turbiné, à peau verte ou tachetée de roux, variant du reste beaucoup dans sa forme ; de toute première qualité ; novembre-février.

Beurré d'Hardenpont. GLOU-MORCEAU. GOULU MORCEAU DE CAMBRON.

BEURRÉ DE KENT. BEURRÉ LOMBARD. Par erreur et généralement en France, BEURRÉ D'ARENBERG. Arbre vigoureux, qui ne produit beaucoup qu'en espalier au midi ou au levant; il n'est fertile en H. V. et en Pyr. que dans les terrains chauds et quand on allonge la taille; dans les sols froids ou argileux, il produit peu en plein vent et ne donne que des fruits très-souvent gercés. Fruit fondant, gros (très-gros en espalier), pyriforme, bosselé vers l'œil; de toute première qualité; janvier-février.

Beurré de Mérode. DOUBLE PHILIPPE. DOYENNÉ BOUSSOCH. NOUVELLE BOUSSOCH. Arbre très-vigoureux et très-fertile; pour H. V.-Pyr.-Esp. au levant ou au couchant. Fruit fondant, gros en plein-vent, très-gros en espalier, mais moins gros que le Beurré Diel, dont il affecte souvent la forme; de première qualité quand il est bien mûr; octobre.

Beurré des Bois. FONDANTE DES BOIS. DAVY. BOSCH-PEER. Par erreur, BEURRÉ DES FLANDRES. Arbre très-fertile, peu vigoureux sur cognassier, et qu'il vaut mieux cultiver sur franc; pour Pyr. et Esp. au levant ou au couchant. Fruit fondant, gros, ovale-turbiné, lisse et régulier; de première qualité; octobre.

Beurré des Charneuses. FONDANTE DES CHARNEUSES. Arbre peu vigoureux, fertile; pour Pyr. et Esp. au levant ou au couchant. Fruit fondant, gros, turbiné, arrondi vers l'ombilic, et se terminant en pointe vers le pédoncule; de première qualité; octobre.

Beurré Diel. BEURRÉ MAGNIFIQUE. BEURRÉ INCOMPARABLE. BEURRÉ ROYAL. BEURRÉ DES TROIS-TOURS. DRY-TOREN. POIRE MELON. GRACIOLE D'HIVER. Par erreur, FOURCROI. Arbre des plus vigoureux et des plus fertiles, s'accommodant de tous les terrains où le poirier peut réussir; pour H. V. quand on peut abriter des vents sud-ouest, et pour Pyr. et Esp. au midi ou au levant. Fruit fondant, parfumé, très-gros, surtout en espalier, où il est le plus souvent côtelé vers l'ombilic, presque ovale ou turbiné-pyriforme; de toute première qualité; novembre-décembre. Au moment de la maturité, cette poire exhale une odeur très-agréable; récoltée à propos sur un plein-vent, elle peut aller jusqu'en janvier.

Beurré du Mortier. (Van Mons.) Arbre très-fertile, vigoureux, même sur cognassier, pour H. V.-Pyr.-Esp. au levant ou au couchant. Fruit fondant, moyen, irrégulièrement ovale-turbiné, court; de première qualité; fin d'octobre.

Beurré Duval. (Duval.) Arbre vigoureux et fertile, se formant bien en pyramide; pour H. V.-Pyr.-Esp. au levant ou au couchant. Fruit fondant, gros; de première qualité; octobre-novembre.

Beurré Giffart. Arbre fertile, assez vigoureux, à rameaux grêles; pour H. V.-Pyr.-Esp. au levant ou au couchant. Fruit fondant, moyen, turbiné; de première qualité; fin de juillet.

Beurré Goubault. Arbre très-vigoureux et très-fertile; pour H. V. et Pyr. Fruit mi-fondant, moyen, arrondi ou turbiné; de première qualité; septembre.

Beurré gris. BEURRÉ DORÉ. BEURRÉ ROUX. (C'est le type des beurrés. Arbre peu vigoureux sur cognassier, très-fertile et qui se met promptement à fruit; pour Esp. au levant ou au couchant. Fruit fondant, ovale tronqué, gros, gris-jaune; de toute première qualité; commencement d'octobre.

Beurré gris d'hiver nouveau. BEURRÉ GRIS SUPÉRIEUR. BEURRÉ DE LUÇON. Arbre moyen, des plus fertiles; pour Pyr. et mieux pour Esp. au midi ou au levant. Fruit fondant, gros, ovale, aplati aux deux bouts; de toute première qualité; janvier-mars. Cette poire réclame un terrain chaud et léger, autrement elle est un peu pierreuse.

Beurré Le Fèvre. BEURRÉ DE MORTEFONTAINE. (Le Fèvre.) Arbre très-vigoureux, fertile; pour Pyr. Fruit fondant, gros, irrégulièrement ovale; de première qualité, mais mollissant promptement; octobre. Cet excellent fruit est sujet à se gercer dans les terres compactes.

Beurré Moiret. BEURRÉ MOIRÉ. Arbre assez vigoureux et fertile; pour Pyr. et Esp. au levant, au couchant ou au nord. Fruit fondant, assez gros, pyriforme; de première qualité; septembre et octobre.

Beurré Mondelle. Arbre assez vigoureux; pour Pyr. et Esp. au levant. Fruit fondant, de la forme et de la grosseur des Passe-Colmar; de toute première qualité; octobre-novembre.

Beurré Navez de Van Mons. (Van Mons.) Arbre peu vigoureux sur cognassier et qu'il vaut mieux cultiver sur franc; pour Pyr. Fruit fondant, très-gros; de première qualité; septembre-octobre. Cette poire doit être cueillie 12 à 15 jours avant sa parfaite maturité, et avant qu'elle commence à jaunir, sinon elle est farineuse et sans eau.

Voici une note de M. Van Mons lui-même, relative à cette variété : « C'est le premier de tous les fruits, rapportant au bout de toutes les branches de l'année, par trochets de 7 jusqu'à 12 immenses poires, de la forme la plus gracieuse, mûrissant vers et depuis la fin d'août jusqu'à la fin d'octobre. Sa fertilité est très-grande. Ce n'est pas une poire, c'est une peau remplie de l'eau la plus délicieusement vineuse et la plus richement chargée de sucre qu'il soit possible d'imaginer. »

Beurré Picquery. URBANISTE. (Coloma.) Arbre vigoureux et très-fertile, donnant ses fruits en bouquets; pour H. V. et Pyr. Fruit fondant, moyen, ovale, qu'on doit cueillir à différentes reprises et au fur et à mesure qu'il mûrit; de première qualité; octobre. Cet arbre, qui ne prospère bien que dans un sol généreux, est un peu lent à produire, lorsqu'il est soumis à une taille périodique et complète.

Beurré Rance. BEURRÉ DE RANCE. BEURRÉ DE NOIRCHAIN. HARDENPONT DE PRINTEMPS. BEURRÉ ÉPINE. BON-CHRÉTIEN DE RANCE. (Cette précieuse variété qui vient beaucoup mieux sur franc que sur cognassier, a été trouvée à Rance, petit village situé dans les environs de Mons, et propagée par M. Hardenpont.) Arbre assez vigoureux, très-fertile; pour H. V.-Pyr.-Esp. au midi ou au levant dans les terrains légers, chauds et abrités des vents sud-ouest. Fruit fondant, pyriforme ou ovale, assez gros en plein vent, très-gros en espalier; de toute première qualité; février-avril.

(Pour obtenir des Beurrés de Rance d'un très-gros volume, on allonge la taille.)

Beurré Spence. (Van Mons.) Arbre moyen, peu vigoureux sur cognassier et qu'il faut, pour cette raison, cultiver sur franc; pour Pyr. et Esp. au levant ou au couchant, moyen, ovale-obtus; de première qualité; septembre-octobre.

Beurré Tuerlinckx. (Tuerlinckx.) Arbre des plus vigoureux, assez fertile; pour Pyr. et Esp. au midi ou au levant. Fruit demi-fondant, beurré, énorme, pyramidal-ventru; de deuxième qualité; décembre-février. C'est à tort qu'un album de pomologie fait mûrir ce fruit en novembre-décembre. Cette erreur ne peut être que le résultat d'une expérience faite sur un specimen cueilli avant terme.

Comme on le voit, le beurré Tuerlinckx n'est pas de première qualité, mais il est à la fois un fruit d'approvisionnement et d'apparat, dont on mange, pour ainsi dire, tout l'hiver. Aucune poire tendre ne dépasse cette variété en volume, alors même qu'elle est le produit d'un plein-vent.

Bezy de Chaumontel. BEURRÉ DE CHAUMONTEL. Arbre vigoureux et des plus fertiles, se formant difficilement en Pyr.; pour H. V. en terre légère, peu humide, ou pour Esp. au midi ou au levant. Fruit fondant, petit ou moyen en plein-vent; allongé, bosselé, très-gros en espalier; de toute première qualité, si l'on saisit le moment de sa maturité; novembre-février. (L'arbre doit être taillé court et le fruit cueilli aussi tard que possible.)

Bezy de Chaumontel panaché. Arbre moins vigoureux que le précédent et qu'on cultive en espalier. Fruit strié, ayant la chair et la forme du précédent et mûrissant à la même époque.

Bezy d'Esperen. (Esperen.) Arbre peu vigoureux qu'il vaut mieux cultiver sur franc que sur cognassier; pour Pyr. et Esp. au midi ou au levant. Fruit fondant, gros, turbiné-pyriforme ; de première qualité dans les terrains meubles ; octobre-novembre.

Bezy de Montigny. Arbre moyen, fertile ; pour Pyr. dans un terrain chaud et léger. Fruit fondant, moyen, turbiné ; de toute première qualité ; octobre-novembre.

Bezy des Vetérans. (Van Mons.) Arbre vigoureux ; pour H. V.-Pyr.-Esp. au levant. Fruit fondant, gros, ovale-arrondi, à pédoncule long et mince ; de première qualité ; novembre-décembre.

Bezy Vaet. (Nous avons adopté l'orthographe de Van Mons.) Arbre moyen ; pour Pyr. et Esp. au midi ou au levant. Fruit fondant, gros, aplati ; de première qualité ; janvier-février.

Bon-chretien d'Espagne. GROSSE GRANDE-BRETAGNE. MANSUETTE DES FLAMANDS, VERMILLON D'ESPAGNE. Arbre très-fertile et très-vigoureux ; pour H. V.-Pyr.-Esp. Dans les contrées flamandes, il est peu de presbytères, peu de fermes, dont cette variété greffée sur franc ne couvre un des pignons, au midi, au levant ou au couchant. Fruit cassant, gros, pyramidal ; de deuxième qualité ; novembre-décembre.

Bon-chretien d'été. GROS BON-CHRÉTIEN. GRACIOLE. GRACIOLI. Par erreur, BEURRÉ DIEL. Arbre vigoureux et peu fertile ; très-difficile à former en pyramide, et qu'il vaut mieux cultiver sur franc ; pour H. V. et pour grand espalier, au levant ou au couchant. Fruit demi-cassant, mais tendre, très-gros, pyramidal, anguleux et bossu ; de première qualité ; septembre.

Bon-chretien Napoléon. CAPTIF DE SAINTE-HÉLÈNE. CHARLES D'AUTRICHE. BONAPARTE. CHARLES X. MABILLE. LIART. GLOIRE DE L'EMPEREUR. MÉDAILLE. (Liart.) Arbre moyen, d'une vigueur ordinaire, très-fertile ; pour Pyr. et Esp. au couchant ou au nord. Fruit fondant, gros, pyriforme, très-obtus ; de première qualité ; octobre-novembre.

Bon-chretien William. Arbre très-fertile et vigoureux, s'épuisant promptement sur cognassier où il est trop productif et qu'il faut, pour cette raison, tailler court ; pour H. V.-Pyr.-Esp. au couchant ou au nord. Fruit fondant, musqué, gros, turbiné-pyriforme, obtus, mollissant assez vite ; de toute première qualité ; commencement de septembre.

Bon Gustave. (Esperen.) Arbre vigoureux, assez fertile ; pour H. V.-Pyr.-Esp. au midi ou au levant. Fruit fondant, gros, pyramidal-turbiné ; de première qualité ; décembre.

Bonne d'Ézée. BELLE ET BONNE D'ÉZÉE. Par corruption, BONNE DES ZÉES. Arbre très-fertile, peu vigoureux sur cognassier et ne s'emportant pas sur franc ; pour Pyr. et Esp. au couchant ou au nord. Fruit fondant, oblong, obtus ou pyriforme, assez gros ; de première qualité ; septembre.

Bouvier bourgmestre. (Bouvier.) Arbre assez vigoureux ; pour Pyr. et Esp. Fruit fondant, assez gros, allongé, irrégulièrement ventru ; de première qualité ; décembre.

Brandès. (Van Mons.) Cette poire est une sous-variété de la Saint-Germain. Arbre moyen qu'il convient de cultiver sur franc ; pour Pyr. et Esp. au midi ou au levant. Fruit fondant, gros, ovale-ventru ; de première qualité ; décembre.

Broom Parck. (Espèce américaine.) Arbre moyen, fertile ; pour Pyr. et Esp. au levant. Fruit fondant, moyen, ayant un goût d'ananas et de melon ; de toute première qualité ; janvier.

Calebasse Bosc. Beurré Bosc. (Van Mons.) Arbre moyen, réussissant mal sur cognassier ; pour Pyr. Fruit gros, pyramidal, demi-fondant ; de première qualité dans les sols chauds et légers ; très-médiocre dans les terres froides ; octobre. Cet arbre produit des fruits de formes assez différentes pour faire croire à l'existence de deux variétés distinctes.

Calebasse carafon. Arbre vigoureux sur franc, beaucoup moins sur cognassier ; pour Pyr.-Esp. au couchant. Fruit fondant, long de près d'un pied, forme amincie et très-allongée ; comme le précédent, de première qualité dans les sols chauds et légers ; octobre.

Calebasse de Bavay. (Tuerlinckx).) Arbre vigoureux et fertile ; pour Pyr. et Esp. au midi ou au levant. Fruit fondant, assez gros, allongé ; de première qualité ; janvier-mars.

Calebasse d'été. (Esperen.) Arbre très-vigoureux, fertile ; pour Pyr. Fruit demi-fondant, moyen, de forme conique ; de première qualité ; fin d'août.

Camerling. Dans les provinces flamandes : Camerlyn. Arbre très-grand et assez fertile ; pour H. V. et Pyr. Fruit fondant, musqué, moyen, turbiné, à peau tachée de rouge à la maturité ; de première qualité ; octobre. Cet arbre est peu difficile sur la nature du terrain et convient essentiellement aux vergers.

Catinka. (Esperen.) Arbre très-fertile et très-vigoureux, même sur cognassier, qu'on taille court pour l'empêcher de s'épuiser ; pour H. V.-Pyr.-Esp. au levant ou au couchant. Fruit fondant, moyen en plein vent, gros en espalier, irrégulièrement ovale-turbiné ; de première qualité ; fin septembre-commencement de novembre.

Charlotte de Brouwer. (Esperen.) Arbre vigoureux et très-fertile, éminemment propre à la grande culture ; pour H. V. et Pyr. Fruit mi-cassant, moyen, turbiné ou arrondi ; de première qualité ; octobre-novembre.

Citron des Carmes. Gros St-Jean. Madelaine. Arbre grand, vigoureux et des plus fertiles. Fruit fondant, petit, un peu allongé, turbiné ; de première qualité ; commencement d'août. Cette variété est très-recherchée pour sa précocité.

Colmar d'Arenberg. (Van Mons.) Arbre vigoureux sur franc et extrêmement fertile, qu'on taille court, quand il est greffé sur cognassier, afin de l'empêcher de s'épuiser ; pour Pyr. et Esp. au levant ou au couchant. Fruit fondant, musqué, quand il est consommé un peu avant sa parfaite maturité, très-gros, turbiné tronqué, quelquefois turbiné pyramidal ; de toute première qualité ; novembre-décembre.

Colmar d'hiver. Poire manne. Belle et bonne. Arbre très-vigoureux, peu productif ; pour Esp. au midi ou au levant. Fruit fondant, gros, court, tronqué, turbiné ; de première qualité ; janvier-avril.

Colmar de Silly. Arbre de la vigueur et de la forme du Passe-Colmar ; pour Esp. au midi et au levant. Fruit fondant, semblable à un gros Passe-Colmar doré, dont il pourrait être une variété ; de toute première qualité ; décembre-février.

Colmar Nélis. Nélis d'hiver. Bonne de Malines. (Van Mons.) Arbre moyen, fertile ; pour Pyr. Fruit fondant, petit ou moyen, turbiné, souvent aussi large que haut ; de première qualité ; décembre-janvier.

Comte de Flandre. (Van-Mons.) Arbre assez vigoureux et fertile ; pour Pyr. et Esp. au levant ou au couchant. Fruit fondant, pyramidal, d'un beau volume ; de première qualité ; novembre-décembre.

Conseiller de la Cour. (Van Mons.) Arbre très-vigoureux, même sur cognassier ; pour H. V.-Pyr. et Esp. au midi ou au levant. Fruit fondant, gros ; de première qualité ; janvier.

Crassane Althorpe. (Variété américaine.) Arbre vigoureux ; pour H. V. et Pyr. Fruit moyen, fondant ; de première qualité ; novembre.

Dearborn's Seedling. Arbre vigoureux et très-fertile ; pour H. V. et Pyr. Fruit fondant, petit ; de première qualité ; août.

De Bavay. (Van Mons.) Arbre fertile et vigoureux ; pour Pyr. Fruit fondant, gros, allongé, pyramidal ; de première qualité, quand il est cultivé dans un sol chaud, et qu'il est cueilli et consommé en temps ; septembre.

Délices d'Hardenpont. (Hardenpont.) On ne doit pas, comme le font quelques pomologues étrangers, confondre cette variété avec le Beurré d'Hardenpont, ni avec la suivante. Arbre moyen, fertile ; pour Pyr. et Esp. au levant ou au couchant. Fruit fondant, moyen, turbiné ; de toute première qualité ; oct.-nov.

Délices d'Hardenpont d'Angers. Arbre assez vigoureux, fertile ; pour Pyr. et Esp. au levant ou au couchant. Fruit fondant, gros, ovale ; de première qualité ; janvier.

Délices de Lovenjoul. (Van Mons.) Par corruption : Délices de Lavoyau, le Lavienjau. Arbre fertile et d'une très-grande vigueur ;

pour H. V. et Pyr. Fruit fondant, moyen ; de première qualité ; novembre.

De Maraise. Arbre vigoureux, pour H. V.-Pyr. et Esp. au midi ou au levant. Fruit fondant, gros ; de première qualité ; décembre.

Des deux sœurs. (Esperen.) Arbre vigoureux et fertile ; pour Pyr. et Esp. au levant. Fruit fondant, gros, turbiné-allongé, un peu côtelé vers l'œil ; de première qualité ; novembre-décembre.

De Spoelberg. VICOMTE DE SPOELBERG (Van Mons.) Arbre vigoureux et très-fertile; pour H. V. et Pyr. Fruit fondant, moyen, turbiné, souvent ventru ; de première qualité ; novembre.

Doyenné crotté. DOYENNÉ GALEUX. Arbre fertile, de moyenne force, se mettant promptement à fruit ; pour Pyr. et Esp. au levant ou au couchant. Fruit fondant, de moyenne grosseur, presque rond ; de première qualité ; novembre.

Doyenné d'été. DOYENNÉ DE JUILLET. DUCHESSE DE BERRY D'ÉTÉ. Arbre assez vigoureux et très-fertile ; pour Pyr. Fruit fondant, petit, turbiné, d'un rouge foncé du côté du soleil ; de première qualité ; juillet-août.

Doyenné Defais. Arbre assez vigoureux, très-fertile ; pour Pyr. et Esp. au levant. Fruit fondant, gros ; de première qualité ; décembre.

Doyenné d'hiver. DOYENNÉ D'HIVER ANCIEN. BERGAMOTE DE PENTECÔTE. DOYENNÉ DE PRINTEMPS. SEIGNEUR D'HIVER. CANNING. Par erreur, PASTORALE. Arbre moyen, très-fertile ; pour Pyr. et Esp. au midi ou au levant. Fruit fondant très-gros, ovale ; de toute première qualité ; janvier-mai.

Doyenné d'hiver nouveau. DOYENNÉ D'HIVER D'ALENÇON. ST-MICHEL D'HIVER. Arbre vigoureux et très-fertile, se formant bien en pyramide ; pour Pyr. et Esp. au midi ou au levant. Fruit fondant, un peu pierreux autour des pepins, moyen, ovale-turbiné ou arrondi, parfois oviforme, mais plus ordinairement court ; de première qualité, décembre-mars.

Doyenné Goubault. Arbre vigoureux et très-fertile. Fruit fondant, assez gros ; de première qualité ; depuis novembre jusqu'en avril.

Doyenné gris. DOYENNÉ ROUX. Arbre de même nature que le doyenné crotté. Fruit fondant, non sujet à devenir pâteux ; de moyenne grosseur, arrondi ; de toute première qualité ; novembre.

Duc de Brabant. Arbre assez vigoureux, très-fertile; pour Pyr. et Esp. Fruit fondant, très-gros, pyramidal, forme du Bon-chrétien d'hiver, mais moins bosselé ; de première qualité ; mai-juin.

Duc de Brabant. (Van Mons.) Arbre vigoureux et fertile ; pour Pyr. et Esp. au levant ou au couchant. Fruit fondant, gros, allongé, irrégulièrement ventru ; de première qualité ; novembre.

Duchesse. DUCHESSE D'ANGOULÊME. POIRE DE PÉZENAS. (Audusson.)

Arbre très-fertile et très-vigoureux, qu'il convient de cultiver dans un sol plutôt sec qu'humide ; pour H. V.-Pyr.-Esp. au levant ou au couchant. Fruit fondant, très-gros, irrégulièrement turbiné, obtus, bosselé ; de toute première qualité dans les terres sèches ; octobre-novembre.

Duchesse d'Angoulême panachée. (Gain du même auteur.) Arbre vigoureux et très-fertile, à bois rouge et à feuilles panachées. Fruit strié, de la même forme et de la même qualité que la variété précédente ; il mûrit à la même époque.

Duchesse d'Arenberg. Arbre assez vigoureux ; pour Pyr. Fruit fondant assez gros, à chair jaune ; de toute première qualité ; octobre.

Duchesse de mars. Arbre délicat, fertile ; pour Pyr. au levant. Fruit fondant, petit, turbiné ; de première qualité ; novembre-décembre. On ne cultive cette variété que sur franc.

Enfant prodigue. (Van Mons.) Arbre vigoureux, très-fertile ; pour H. V. et Pyr. Fruit fondant, moyen, turbiné, à peau fortement rosée du côté du soleil ; de première qualité ; janvier-février.

Figue d'Alençon. POIRE FIGUE. FIGUE D'HIVER. BONISSIME. Arbre vigoureux et fertile ; pour Pyr. Fruit fondant, gros, oblong, irrégulièrement pyramidal ; de première qualité ; novembre-décembre.

Fondante de Malines. (Espereu.) Arbre fertile et vigoureux, même sur cognassier ; pour Pyr. et Esp. au midi ou au levant. Fruit fondant, moyen ou gros, ovale ; de première qualité ; novembre.

Fondante pariselle. MONT-PARISELLE. Arbre moyen, peu vigoureux sur cognassier ; pour Pyr. et Esp. au levant ou au couchant. Fruit fondant, moyen, turbiné ; de première qualité ; octobre-novembre.

Forme de Bergamote. (Van Mons.) Arbre de première vigueur, même sur cognasssier ; pour H. V.-Pyr.-Esp. au levant ou au couchant. Fruit fondant, gros, aplati ; de première qualité ; octobre-novembre.

Fortunée (Parmentier.) Arbre épineux et très-fertile, ne donnant de bons fruits qu'en Esp. au midi ou au levant. Fruit moyen, court, turbiné, obtus et comme tronqué ou arrondi ; de deuxième qualité dans les terrains froids ; de première qualité dans les sols chauds et légers ; janvier-juin.

Grand soleil. (Esperen.) Arbre très-vigoureux sur franc et réussissant assez mal sur cognassier ; pour Pyr. et Esp. au midi ou au levant. Fruit demi-fondant, moyen, turbiné ; de toute première qualité dans les années chaudes et les terres légères ; décembre-mars.

Graslin. (Du nom de son auteur, de Nantes.) Arbre vigoureux, à bois jaune, très-fertile. Fruit demi-fondant, de la même force et forme que la Duchesse d'Angoulême, dont il pourrait être une variété ; il mûrit vers la même époque.

Gros muscat. GARGEANVILLE. (De Louis Noisette.) Arbre très-vigoureux et fertile; pour H. V. et Pyr. Fruit demi-fondant, gros, très-succulent; de première qualité; commencement de septembre.

Hacon's incomparable. (Variété américaine.) Arbre assez vigoureux; pour H. V.-Pyr.-Esp. au midi et au levant. Fruit fondant, gros; de première qualité; décembre.

Heathol de Gore. (Variété américaine.) Arbre assez vigoureux; pour Pyr. Fruit fondant ou demi-fondant, très-tendre, gros, turbiné-pyriforme, obtus; de toute première qualité; septembre.

King Edward's. (Variété anglaise.) Arbre peu vigoureux, très-fertile; pour Pyr. Fruit fondant, gros; de toute première qualité; septembre.

Henkel d'hiver. (Van Mons.) Arbre des plus vigoureux, même sur coguassier; pour H. V.-Pyr. et Esp. au midi ou au levant. Fruit fondant, moyen; de première qualité; janvier.

Henri Van Mons. (Van Mons.) Arbre moyen, assez productif; pour Pyr. et Esp. au midi ou au levant. Fruit fondant, gros, irrégulièrement ovale, ventru, obtus aux deux bouts; première qualité; septembre et octobre.

Jalousie de Fontenay-Vendée. Arbre fertile et vigoureux; pour Pyr. et Esp. au couchant ou au nord. Fruit fondant, assez gros ou gros, pyramidal-turbiné; de première qualité; septembre.

Joséphine de Malines. (Esperen.) Arbre moyen, très-vigoureux sur franc, beaucoup moins sur cognassier; pour Pyr. et Esp. au midi ou au levant, dans un terrain meuble et chaud Fruit fondant, moyen, turbiné; de toute première qualité; février-avril.

La Juive. (Esperen.) Arbre fertile et vigoureux; pour H. V.-Pyr.-Esp. au levant ou au couchant. Fruit demi-fondant, très-tendre, assez gros, aussi large que haut; de toute première qualité dans les terres légères; novembre et décembre.

Léon Leclerc de Van Mons. Léon Leclerc de Louvain. (Van Mons.) Arbre moyen, très-fertile; pour Pyr. et Esp. au midi ou au levant. Fruit demi-fondant, gros, pyramidal-turbiné ou irrégulièrement ovale; de première qualité; décembre-février.

Leurs. (Excellente variété américaine.) Arbre fertile, peu vigoureux sur cognassier, mais qui, greffé sur franc, ne s'emporte pas et devient fertile après quelques années de végétation; pour Pyr. et Esp. au levant. Fruit très-fondant, moyen ou gros, oblong, obtus; de toute première qualité; octobre-décembre.

Louise-Bonne d'Avranches. Bonne-Louise d'Avranches. Bergamote d'Avranches. Bonne de Longueval. Poire de Jersey. Arbre vigoureux et très-fertile; pour H. V. Pyr.-Esp. au levant et au couchant. Si on l'élève en pyramide, on aura l'attention de tailler court la tige ou flèche pendant les premières années, pour forcer le développement des rameaux à sa base. Fruit fondant, gros, régulièrement conformé en pyramide obtuse ; de toute première qualité dans les sols légers et chauds et si l'on cueille avant la parfaite maturité ; de médiocre qualité dans les terres froides ; septembre et octobre.

Maréchal de Cour. (Van Mons.) Arbre très-vigoureux ; pour Pyr. et Esp. au levant ou au couchant. Fruit fondant, gros, pyramidal-turbiné ou ventru ; de première qualité ; novembre et décembre.

Marie-Anne de Nancy. (Récolté sur un sujet de 7 ans, provenant d'un semis de Van Mons, par M. Millot, de Nancy, pomologue des plus distingués.) Cette poire, dit M. Millot, ressemble beaucoup, pour la forme et la couleur, à un beau beurré d'Angleterre. La chair est demi-fine, beurrée, très-fondante ; l'eau est extrêmement abondante, relevée, un peu vineuse, très-sucrée et agréablement parfumée. Cette poire, d'excellente qualité, mûrit depuis le 15 septembre jusqu'à la fin d'octobre.

Marie-Louise. (Duquesne.) Arbre fertile, peu vigoureux, qui ne réussit très-bien que sur franc ; pour Pyr. et Esp. au couchant ou au nord. Fruit fondant, assez gros, ovale ou pyriforme, un peu renflé au milieu ; de première qualité, si l'arbre est planté dans une terre légère, chaude et substantielle ; fin d'octobre-novembre.

Marie-Louise Delcourt. Arbre de même nature, de même culture que le précédent Fruit fondant, assez long, turbiné-pyriforme ; souvent un peu côtelé ; de première qualité ; octobre-novembre.

Millot de Nancy. (Van Mons) Arbre vigoureux et très-fertile ; pour H. V. et Pyr. Fruit fondant, moyen, irrégulièrement turbiné ; de première qualité ; novembre-décembre.

Monarch Knight's. (Variété anglaise.) Arbre vigoureux, assez fertile ; pour H. V.-Pyr. et Esp. au midi ou au levant. Fruit fondant, moyen ; de toute première qualité ; janvier.

Muscat-Robert. Gros St-Jean musqué. Poire d'ambre. Poire a la reine. Arbre fertile et très-vigoureux sur franc ; délicat sur cognassier ; pour H. V. et Pyr. Fruit tendre, c'est-à-dire ni fondant, ni cassant, petit ou moyen, pyriforme ; de première qualité ; mi-juillet.

Nec plus Meuris. Nec plus Meuris. (Van Mons.) Arbre assez vigoureux ; pour Pyr. et Esp. au midi ou au levant. Fruit fondant, gros, irrégulièrement ovale ; de toute première qualité ; décembre-janvier.

Neuf-Maisons (du nom d'un village du canton de Lens, en Hainaut). Arbre peu vigoureux sur cognassier, qui ne s'emporte pas sur franc ; pour Pyr. et Esp. au levant ou au couchant. Fruit fondant, moyen ou assez gros, pyriforme-turbiné ; de première qualité ; novembre.

Nieil (Van Mons.) Arbre des plus vigoureux ; pour H. V. et Pyr. Fruit fondant, gros, ovale-oblong, ventru, à longue queue ; de toute première qualité ; septembre.

Nouveau Poiteau. (Van Mons.) Arbre vigoureux ; pour H. V.-Pyr. et

Esp. au levant ou au couchant. Fruit fondant, gros, ovale; de première qualité; commencement de novembre.

Passe-Colmar. PASSE-COLMAR GRIS. PASSE-COLMAR ORDINAIRE. (Hardenpont.) Arbre moyen, vigoureux, très-fertile, à rameaux effilés; pour H. V.-Pyr.-Esp. au midi ou au levant. Fruit fondant, moyen ou gros, turbiné-pyramidal; de toute première qualité; décembre-février. Cette variété exige un terrain sec et léger, quand elle est cultivée en plein vent; dans un sol froid, elle ne produirait que des fruits petits et gercés.

Passe-Colmar doré .SOUVERAIN D'HIVER. PUCELLE CONDÉSIENNE. Arbre de la même forme, de la même nature et de la même culture que le précédent. Fruit plus coloré, plus gros et supérieur encore au précédent.

Passe-Colmar François. Arbre vigoureux; pour H. V.-Pyr.-Esp. au midi ou au levant. Fruit fondant, moyen ou gros, forme du Colmar; de toute première qualité; février-mars.

Passe-Colmar musqué d'automne. (Esperen.) Arbre assez vigoureux et d'une grande fertilité; pour Pyr. et Esp. au levant ou au couchant. Fruit fondant, musqué, moyen ou gros, turbiné; de première qualité; octobre-novembre.

Poire-Pêche. (Esperen.) Arbre assez vigoureux, même sur cognassier; pour Pyr. ou Esp. au couchant. Fruit fondant, moyen, turbiné ou renflé; de première qualité; octobre.

Princesse Charlotte. (Esperen.) Arbre vigoureux et fertile; pour Pyr. Fruit fondant, moyen, turbiné, d'une belle couleur orangée, fouettée de rouge vif; de première qualité; novembre.

Reine des poires. (Loire.) Arbre peu vigoureux, qu'on cultive de préférence sur franc, parce qu'il ne s'emporte pas sur ce sujet et qu'il réussit mal sur cognassier; pour Pyr. et Esp. au levant. Fruit demi-fondant, moyen, turbiné, à peau rouge; de première qualité; novembre-janvier.

Rousselet de Coster (Van Mons.) Arbre assez vigoureux et fertile; pour Pyr. Fruit fondant, petit, très-sucré; de première qualité; décembre.

Rousselet de Reims. PETIT ROUSSELET. Arbre vigoureux et très-fertile pour H. V. et Pyr. Fruit demi-fondant, petit, pyriforme; de toute première qualité, dans les terres légères et les cours pavées; commencement de septembre. Cette poire est bonne à mettre à l'eau-de-vie et à sécher.

St-Germain. INCONNUE LAFARE. ST-GERMAIN D'HIVER. Arbre vigoureux et très-fertile, quand il est cultivé en Esp. au midi ou au levant; sous la latitude de Bruxelles, il n'est que peu productif en plein vent. Fruit fondant, ne mollissant jamais, gros, allongé; de toute première qualité, quand l'arbre est planté dans un sol un peu humide ; novembre-avril.

St-Germain panaché. (C'est une variété du St-Germain d'hiver.) Arbre délicat, très-fertile et à bois strié, qu'on doit cultiver sur franc; pour Esp. au midi ou au levant. Fruit fondant, gros, allongé, strié en jaune dans toute sa longueur; de première qualité ; novembre-mars.

St-Michel Archange. Arbre très-fertile et assez vigoureux ; pour Pyr. Fruit fondant, gros, pyriforme ; de première qualité ; octobre.

Shobden Court. Arbre de moyenne vigueur ; pour Pyr. et Esp. au midi ou au levant. Fruit fondant, moyen; de première qualité ; février.

Seckel Seckel-pear. Par corruption SAKLE-PEAR. Improprement : SHAKSPEARE. (Cette variété, introduite en Europe vers 1831, est un gain de M. Van Seckel, près de Philadelphie, en Amérique.) Arbre fertile, peu vigoureux sur cognassier et qu'on cultive, de préférence, sur franc ; pour H. V. et Pyr. Fruit fondant, petit, presque aussi large que haut, ovale-turbiné, à peau rouge; de première qualité ; octobre. On doit surveiller cette poire au fruitier, car elle blettit assez promptement.

Seigneur d'Esperen. (Esperen.) Arbre assez vigoureux, très-fertile ; pour H. V.-Pyr.-Esp. au couchant, dans une terre légère. Fruit très-fondant, gros, turbiné ; de toute première qualité; octobre.

Soldat laboureur. (Esperen.) Presque partout en France et en Angleterre, on cultive, sous ce nom, la variété dite Orpheline d'Enghien. Arbre vigoureux et fertile, devenant très-grand sur franc dans les sols profonds ; pour H. V.-Pyr. et Esp. aux 4 expositions. Fruit demi-fondant, gros, allongé, irrégulièrement turbiné, de toute première qualité ; novembre-janvier.

Suzette de Bavay. (Esperen.) Arbre vigoureux et fertile; pour Pyr. et Esp. au midi ou au levant. Fruit fondant, moyen, turbiné, bosselé vers l'ombilic, et dont le diamètre égale souvent la hauteur ; de première qualité ; février-avril. Cette excellente poire est tendre depuis le mois de février ; mais conservée jusqu'en mars et avril, elle devient très-fondante, et peut être considérée comme une des meilleures de la saison.

Triomphe de Jodoigne. (Bouvier.) Arbre fertile et de grande vigueur qui se prête peu à la forme pyramidale ; pour H. V. et Esp. au midi, au levant ou au couchant. Fruit fondant, très-gros, turbiné-pyriforme, souvent côtelé vers l'œil ; de première qualité ; novembre et décembre.

Van Mons de Léon Leclerc. (Léon Leclerc.) Arbre moyen, très-fertile ; pour Pyr. et Esp. au levant ou au couchant. Fruit fondant, très-gros, ovale-pyriforme ; de toute première qualité ; novembre.

CHOIX DE QUELQUES BONNES VARIÉTÉS
A COMPOTE.

Angora. BELLE ANGEVINE. FAUX BOLIVAR. ROYALE D'ANGLETERRE. COMTESSE OU BEAUTÉ DE TERVUEREN. GROSSE DE BRUXELLES. DUCHESSE DE BERRY D'HIVER. Arbre vigoureux et très-fertile; pour Pyr. et Esp. au levant. Fruit cassant, énorme, le plus gros du genre, pesant quelquefois plus d'un kilog.; de mauvaise qualité, cru; de première qualité, cuit; janvier-mars. L'Angora est cette belle poire qu'on voit figurer à toutes les expositions, et qui fait l'admiration des visiteurs.

Belle de Noisette. Arbre vigoureux et fertile; pour Pyr. et H. V. Fruit cassant, gros, ovale-turbiné; de première qualité pour compote; janvier-mars.

Catillac. GROS GILOT. Arbre très-grand, très-vigoureux et fertile; pour H. V. et pour Pyr. Fruit cassant, très-gros, ovale, ventru; de toute première qualité cuit; novembre-mai.

Chaptal. Arbre vigoureux et fertile; pour H. V. et Pyr. Fruit cassant, gros, pyramidal; de première qualité, cuit; novembre-avril.

Dorothée royale. Arbre vigoureux et productif; pour H. V. et Pyr. Fruit cassant, très-gros; de première qualité, cuit; février-mars.

Bon chrétien d'Espagne. GROSSE GRANDE-BRETAGNE. MANSUETTE DES FLAMANDS. Arbre très-fertile et très-vigoureux; pour H. V.-Pyr.-Esp. aux trois expositions. Fruit cassant, gros, pyriforme; de première qualité, cuit; novembre-décembre.

Martin-sec. Arbre vigoureux et très-fertile; pour H. V. et Pyr. Fruit cassant, de moyenne grosseur, pyriforme; cru, de troisième qualité; cuit, de première qualité; novembre-janvier.

Muscatelle. Arbre très-vigoureux et très-fertile; pour H. V. et Pyr. Fruit cassant, parfumé, de moyenne grosseur, arrondi; de deuxième qualité, cru; de première qualité, cuit; janvier-février.

Messire Jean blanc. Arbre moyen; pour Pyr. Fruit cassant, gros, presque rond; de première qualité, cuit; octobre.

Poire des Sts-Pères. ST-PÈRE, POIRE DU PAPE. BEURRÉ DE PORTUGAL. Arbre vigoureux; pour H. V.-Pyr.-Esp. au midi ou au levant. Fruit gros, pyriforme, cassant, devenant tendre à la parfaite maturité; de troisième qualité, cru; de première qualité, cuit; mars-mai.

DEUXIÈME SECTION.

Du pommier.

Après le poirier, le pommier est l'arbre le plus intéressant dont la nature ait doté notre climat. On ne le cultive pas pour l'ornement des jardins, et l'on a tort; car rien n'est aussi agréable à la vue que des pommiers chargés de leurs fleurs blanches et roses du plus charmant effet.

Le pommier est l'hôte naturel de tous les pays tempérés. C'est dans une terre un peu humide et profonde qu'il réussit le mieux; il redoute celle qui est composée d'argile ou de craie.

Malgré la grande analogie qui existe entre le poirier et le pommier, analogie qui avait porté Linnée à n'en faire qu'un seul et même genre, la greffe de l'un sur l'autre ne donne point de bons résultats. On greffe donc le pommier sur franc ou égrain, sur doucin et sur paradis.

On sait ce que c'est que le franc; il convient à la greffe des pommiers auxquels on veut donner une grande dimension, tels que ceux dont on peuple les vergers, et les parcs d'une certaine étendue.

Le doucin est une variété trouvée, il y a plus de cent ans, dans un semis, et que, depuis ce temps, on ne multiplie que de drageons, par le procédé du marcottage en cepée, que nous avons décrit. Ces drageons sont élevés pour recevoir la greffe des pommiers qu'on veut tenir dans des proportions restreintes, et qui, ainsi entés, fructifient plus vite que sur franc.

Le doucin aime une terre meuble, riche et un peu humide; il résiste mieux à la sécheresse que le paradis, parce que ses racines tracent plus profondément.

Le paradis est une autre variété naine également obtenue de semis et qui donne d'abondants drageons. On les emploie à recevoir la greffe des pommiers qu'on veut maintenir dans de très-petites dimensions. La fructification des greffes sur paradis est plus prompte que sur doucin, et les fruits qui en résultent acquièrent un volume extraordinaire. Il doit être cultivé dans les terres douces, riches d'engrais et un peu fraîches ; ses faibles racines ne pourraient s'étendre dans les terres fortes, et se dessécheraient promptement dans un sol trop léger et trop sec.

La végétation naturelle du pommier est identiquement la même que celle du poirier ; nous n'avons donc rien à ajouter à ce que nous avons dit de ce dernier.

On conçoit, par cette raison, que sa taille, autant des productions à bois que de celles à fruits, repose sur des principes semblables, et nécessite une pratique pareille. Nous ne pouvons donc qu'engager le lecteur à faire à cet arbre l'application complète de tout ce qui a été dit sur le poirier.

Le pommier greffé sur paradis et traité avec soin, est, ainsi que nous l'avons dit, prompt à fructifier. Non-seulement, il donne des fruits plus beaux et plus gros, mais encore plus assurés que ceux de la même variété venus sur doucin ou sur franc, quelle que soit la forme donnée à l'arbre. Toutefois il est bon de faire remarquer que le paradis arrêtant sa végétation plus tôt, on doit cueillir ses fruits avant ceux gagnés sur les arbres greffés sur franc et sur doucin, si l'on veut qu'ils se conservent longtemps. On le forme en éventail, en buisson naturel ou en vase. Ce dernier s'établit sur trois branches mères, de la manière indiquée pour le poirier de cette forme. On ne doit pas chercher à l'élever à plus d'un mètre 50 centimètres, hauteur à laquelle il atteint, du reste, rarement. Quant au buisson, il suffit de l'évider intérieurement pour que l'air y circule mieux.

CHOIX DES MEILLEURS POMMIERS.

POUR LE HAUT-VENT.

Les variétés qu'on doit préférer pour cette culture, sont celles qui unissent à un bois généreux, une très-grande fertilité et des pédoncules qui tiennent fortement aux rameaux, afin d'éviter la chute prématurée des pommes. Il faut encore que la chair de celles-ci soit propre à tous les usages et essentiellement à celui de la cuisine.

	Époque de maturité.
Belle de Thouin	hiver.
Belle-fleur de Brabant	hiver.
Belle-fleur anglaise. Belle anglaise	fin d'automne.
Calville rouge d'hiver	hiver.
Court-pendu	hiver et printemps.
Grd. Alexandre, Empereur Alexandre.	novembre-décembre.
Gros Flabot	automne.
Gros papa ou d'Amérique	hiver.
Grosse framboise (Loisel)	hiver.
La Limbourgeoise (Loisel)	hiver.
Nieuw-wel draegende, la productive (Loisel)	novembre-avril.
Non pareil white (variété américaine)	hiver-printemps.
Passe-pomme d'été	août.
Pepin d'or	hiver.
Pigeonnet rouge	hiver.
Pomme-cire. Pomme-citron à côtes	hiver-printemps.
— d'Aarts (Aarts)	hiver.
— châtaigne	hiver.
Postdorpff	hiver.
Rambour blanc d'été	septembre.
— d'hiver	hiver.
Reinette à côtes	hiver.
— d'Angleterre. Pomme d'or	fin d'automne.
— du Canada, blanche	hiver.
— — grise	hiver-printemps.
— de Granville	hiver.
— de la Chine	hiver.
— Daniel	hiver-printemps.
— grise d'hiver. Haute bonté	hiver-printemps.
— royale	hiver.

POUR LA PYRAMIDE ET LE VASE.

Les pommiers que nous conseillons de cultiver sous l'une de ces deux formes, sont d'abord ceux qui s'y prêtent le mieux, et qui, en outre, se distinguent par leur fertilité et par la grosseur et la bonté de leurs fruits.

	Époque de maturité.
Belle de Saumur, Belle de Doué.....	décembre-mars.
Belle Dubois. Rhode Island. Louis XVIII.....................	mars-mai.
Belle du Hâvre....................	janvier-mars.
Belle Joséphine. Ménagère.........	janvier-mai.
Court-pendu blanc. Admirable (Loisel).	novembre-mai.
Cadeau du général Vaugoyau.......	janvier-mai.
Calville blanc. Bonnet carré. Calville à côtes..........................	décembre-février.
Calville royal......................	décembre-janvier.
De St-Sauveur.....................	octobre-novembre.
Dorée de Tournay (du Mortier).....	mars-mai.
Frankatu romain..................	novembre février.
Fenouillet gris, anis...............	décembre-avril.
Fenouillet jaune doré..............	décembre-avril.
Gros Alexandre. Empereur Alexandre.	novembre-décembre.
Grosse du Canada (Loisel)...........	décembre-mars.
Impériale. Belle magnifique........	décembre-février.
Malapias.........................	décembre-février.
Monstrueuse de Bergerac	novembre-février.
Ostogate. Doux d'argent............	octobre-janvier.
Pomme-cire. Pomme-citron à côtes..	décembre-mai.
— fraise, } Recommandées pour leur précocité.	août.
— framboise, } Recommandées pour leur précocité.	août.
— neige, } Recommandées pour leur précocité.	août.
— des 4 goûts. Violette des 4 goûts...	octobre-novembre.
Reinette de Caux..................	janvier-mai.
— de Doué.......................	décembre-février.
— d'Espagne. Reinette tendre. Blanche d'Espagne..........................	octobre-novembre.

	Époque de maturité.
Reinette dorée. Reinette jaune tardive	novembre-janvier.
— du Canada, blanche.............	novembre-février.
— du Canada, grise................	décembre-mai.
— grise d'hiver. Haute bonté.......	décembre-mai.
— monstrueuse.....................	novembre-janvier.
— surpasse-Angleterre.............	décembre-avril.
Triomphante......................	février-mars.
Sire de Fauquemont (de Guasco)....	novembre-avril.

CHOIX D'ESPÈCES ET DE VARIÉTÉS

AMÉRICAINES ET ANGLAISES,

A CULTIVER ÉGALEMENT EN PYRAMIDE OU EN VASE.

	Époque de maturité.
Baldwin..........................	hiver.
Bedfordshire Foundling.............	janvier-mars.
Blenheim pippin....................	novembre.
Borovitsky.........................	août.
Boston Russet......................	décembre-juillet.
Dumelow's Seedling. Wellington....	mars.
Duchess of Oldenburgh............	août-septembre.
Early harvest.....................	août.
Gravenstein.......................	novembre.
Green sweeting....................	novembre-mai.
Hawley............................	octobre-novembre.
Hawthorden........................	août-novembre.
Large yellow......................	novembre-janvier.
Leadington, monstrous............	novembre-janvier.
Leyden pippin.....................	août-septembre.
London pippin.....................	mars.
Macleans favourite................	décembre-février.
Moss's incomparable...............	avril-juin.
Newton pippin.....................	avril.
Northern spy......................	novembre-juin.
Princess royal....................	mai.

	Époque de maturité.
Reinette of Cantorbery.............	novembre-févier.
St.-Lawrence	septembre-octobre.
Scarlet golden pippin................	octobre-novembre.
Summer golden pippin.............	septembre-octobre.
Summer Thorle.......	août-septembre.
Swaar..................................	décembre-avril.
Tower of Glammis.................	novembre-février.
Twenty ounce.......................	décembre-février.
Wadharst pippin....................	octobre-février.
Waltham Abbey Seedling...........	décembre.

POUR L'ESPALIER.

Peu de pommiers s'accommodent de cette culture, parce que presque tous demandent le grand air et peu de chaleur. Les variétés suivantes sont les seules qui, à ce que nous sachions, exigent de la chaleur pour prendre un beau développement. Nous conseillons de les planter, greffées sur paradis, en plein midi, entre les pêchers ou autres espaliers qui ne remplissent pas encore tout l'espace qui leur est réservé : ils ne tarderont pas à y fructifier ; et quand ensuite, au bout de quelques années, ils commencent à gêner, on les arrache et on les transporte ailleurs.

	Époque de maturité.
Api rose. Gros api..................	novembre-février.
Bedfordshire Foundling.............	janvier-mars.
Belle du Havre.......	novembre-février.
Calville blanc. Bonnet carré. Calville à à côtes..........................	décembre-février.
Gros Alexandre. Empereur Alexandre.	novembre-décembre.
Gravenstein...........................	novembre.
Northern spy........................	novembre-juin.
Pomme-cire. Pomme citron à côtes..	décembre-mai.
Reinette à côtes......................	novembre-février.
— Daniel.............................	décembre-avril.
— du Canada, blanche..............	novembre-février.

	Époque de maturité.
Reinette du Canada, grise...........	décembre-mai.
— franche ordinaire................	janvier-mai.
— grise d'hiver. Haute bonté.......	décembre-mai.
—of Cantorbery....................	novembre-février.

Nous n'indiquerons pas les variétés qui sont particulièrement propres au *contre-espalier* et au *buisson*. Il nous suffira de dire que toutes, sans exception, se soumettent à ces formes.

TROISIÈME SECTION.

Du cognassier (1).

Le cognassier, originaire de l'île de Crète, d'où lui vient son nom latin *Cydonia*, est, comme arbre fruitier, peu élevé, tortueux, à écorce brune et à jeunes pousses cotonneuses. Son fruit est gros, parfumé, aromatique et acerbe au point de n'être bon à manger que cuit. On en fait des liqueurs et une gelée assez estimée. Il est étonnant que l'on n'ait pas encore essayé d'obtenir, par le semis et l'hybridation artificielle avec le poirier, de nouvelles variétés qui donneraient peut-être des fruits améliorés. C'est une réflexion que nous livrons aux pomologistes, qui pourraient lui donner suite.

Au reste, le cognassier est plus important pour les sujets qu'il fournit à la greffe du poirier, que pour ses fruits. Sous le premier rapport, il est assez en faveur dans la plupart de nos provinces, et sous le second, il n'y est que rarement cultivé. Nous avons dit qu'il préfère un sol léger, calcaire et un peu frais, bien qu'il ne soit pas difficile sur la nature du

(1) *Espèces et variétés.*
Cognassier à petit fruit.
— d'Angers.
— de Portugal.
— ordinaire.

Note de l'éditeur.

terrain. On le multiplie de semences, de boutures, de rejetons et de marcottes.

On taille fort peu le cognassier, d'abord parce qu'il pousse très-irrégulièrement, et que, par cette raison, il est fort difficile de lui imposer une forme qui ait quelque régularité ; et, ensuite, parce que le fruit, se trouvant placé au sommet des rameaux, on ne peut le tailler sans supprimer sa récolte.

Nous ne conseillerons pas de le placer en espalier, parce que la place qu'il occuperait peut être remplie par d'autres arbres à fruits avec bien plus d'avantages. On peut l'élever sur tige pyramidale, sauf à abandonner celle-ci à elle-même pour faire un haut-vent, si l'on ne réussit pas. Mais, pour cela, on doit le traiter par l'éborgnage et l'ébourgeonnement, c'est-à-dire qu'il faut détruire les yeux et les bourgeons dont on prévoit l'inutilité. Tous les trois ans, on rabat, à la serpette, tout le bois qui ne fructifie plus, et on répare, le mieux possible, les défauts que l'arbre a contractés, sauf à perdre cette année-là la plus grande partie de la récolte.

Quand il est en haut-vent, on se contente de le débarrasser du bois mort.

CHAPITRE QUATRIÈME.

APPLICATION DES OPÉRATIONS PRATIQUES DE LA TAILLE

AUX ARBRES FRUITIERS, AUTRES QUE CEUX A FRUITS A NOYAU OU A PEPINS.

PREMIÈRE SECTION.

Du néflier (1).

Le néflier est un grand arbrisseau indigène à l'Europe. Il s'accommode de toute espèce de terre, pourvu qu'elle ne soit pas trop humide, et n'est pas plus difficile sur l'exposition; toutefois, il réussit mieux dans un terrain léger, substantiel et à une bonne exposition. On le multiplie de graines, de marcottes et par la greffe sur aubépine ; on le greffe aussi, mais moins avantageusement, sur cognassier et sur poirier.

Ses fruits que l'on cueille avant leur maturité, qu'ils n'achèvent que sur la paille, ne sont bons que quand ils sont parvenus à l'état de blettissement.

Le néflier, plus irrégulier encore dans sa végétation que le cognassier, refuse absolument de se soumettre à une forme quelconque; pour l'empêcher de devenir trop tortueux, on lui donne de bonne heure un tuteur assez solide. Des fleurs terminant les petits rameaux qui garnissent les rameaux principaux, sont aussi un obstacle à la taille qui dé-

(1) *Espèces et variétés.*
Néflier à gros fruit.
— à petit fruit.
— commun (fruit moyen).

Note de l'éditeur.

truirait la récolte. Il n'y a donc lieu à employer la serpette que pour le mettre à tige, après quoi on l'abandonne à la nature, en prenant l'unique soin de le nettoyer de son bois mort, et d'enlever au printemps les fruits avortés qui ont séché et qui sont restés à l'extrémité de quelques branches.

C'est un arbrisseau à placer dans les lieux agrestes, où la nature du sol se refuse à nourrir tout autre arbre fruitier plus avantageux.

DEUXIÈME SECTION.

De la vigne.

La vigne, arbrisseau sarmenteux, originaire de l'Asie, est incontestablement, sous le rapport de ses produits en tous genres, l'arbre fruitier le plus important de tous ceux qui croissent en Europe. Pour la Belgique, il offre beaucoup moins d'intérêt au point de vue vinicole qu'en France, en Allemagne, en Italie, en Espagne et en Portugal. Nous n'avons d'ailleurs à nous en occuper ici que pour les raisins de table, qui sont, à juste titre, un des ornements les plus précieux des desserts d'automne et d'hiver.

Elle se multiplie de boutures, de crossettes, de marcottes enracinées, qu'on appelle aussi *chevelées*, de provins ou couchage, par la greffe sur elle-même et de semis.

Les boutures sont des sarments de la dernière pousse d'une longueur indéterminée, que l'on plante en terre.

Les crossettes diffèrent des boutures, parce qu'on leur conserve, à l'extrémité inférieure, un peu de bois de deux ans.

La marcotte enracinée s'obtient par trois procédés différents : le provignage total du cep; le provignage partiel des sarments et la plantation des crossettes en pépinière, où, sous le nom de *crossettes salées*, on les laisse deux ou trois ans pour former leurs racines et aoûter leur bois.

Le provignage du cep entier consiste à déchausser la souche et à la coucher en entier dans une petite fosse, qu l'on remplit ensuite de terre. On taille sur deux yeux l'extrémité de tous les sarments, qui sort de terre. Ces sarments, alimentés par les souches et les nombreuses racines que développent tous les yeux enterrés, forment des pousses vigoureuses. Séparés de la souche, l'année suivante, ils sont ce qu'on nomme des *chevelées*.

Dans le provignage partiel, on abaisse seulement un ou deux sarments de chaque cep jusqu'à terre, en les courbant en arc ; on les enterre de même ; on les traite comme les précédents, et on les sèvre aussi l'année suivante. Ces chevelées se mettent plus tôt à fruit que les boutures.

Les *chevelées en panier*, qui offrent l'avantage d'avancer la fructification de 2 ans, s'effectuent de la même manière. Seulement, on fait les trous plus grands, afin de placer dans chacun un panier qui reçoit le sarment courbé en arc. Il y prend racine, et, l'année suivante, après avoir été sevré au-dessous du panier, on peut le lever en motte et le transporter partout où l'on veut, sans craindre d'endommager les racines.

Le troisième moyen de se procurer du plant enraciné, c'est de planter en pépinière des crossettes à talon. On les y laisse développer des racines jusqu'au moment de les lever pour les planter à demeure.

On trouvera, au chapitre de la Greffe, l'indication de celles qui conviennent à la vigne.

Le semis n'est pratiqué que par quelques pomologues, dans le but d'obtenir de nouvelles variétés.

§ 1. Mode de végétation naturelle.

Comme dans tous les arbres fruitiers, la séve se porte avec ardeur dans les sommités de la vigne, de façon que si on l'abandonnait à elle-même, elle serait bientôt dénudée du bas et n'émettrait de bourgeons que sur les parties les plus élevées.

Il faut d'abord savoir que la vigne n'a de fruits que sur les pousses de l'année. Ses yeux, qu'on désigne aussi sous le nom de *bourre*, par allusion au duvet qui entoure les rudiments du bourgeon, sont d'une nature mixte et renferment le bourgeon et la grappe qui se développe sur sa tigelle. Ces yeux, qui se forment de bonne heure dans l'aisselle des feuilles, sont toujours accompagnés de sous-yeux en nombre indéterminé. Comme dans les autres arbres, ils restent latents, tant que leur œil principal poursuit son évolution; mais, s'il est détruit par une cause quelconque, ils se développent à leur tour et peuvent aussi porter fruits.

Tous les yeux formés de l'année précédente s'ouvrent au printemps suivant; les bourgeons qui en résultent, portent des feuilles et des grappes opposées, et le prolongement du bourgeon se garnit de feuilles et de vrilles également opposées. D'autres fois, le bourgeon est dépourvu de grappes et n'a que des feuilles et des vrilles; ce qui arrive sur les jeunes ceps et aux bourgeons qui percent sur du bois de plus d'un an.

La vigne reperce facilement sur son vieux bois. Une coupe faite au-dessus d'un nœud fait presque toujours surgir un bourgeon, résultat d'un des sous-yeux restés latents.

Rarement l'œil axillaire s'ouvre en faux bourgeon, à moins d'un rapprochement par la taille; mais souvent les sous-yeux forment de ces bourgeons anticipés.

Il résulte de ce qui précède, qu'il n'y a dans la vigne qu'une production unique pour le bois et le fruit, et qu'il n'y a pas à étudier, comme dans les arbres qui précèdent, les caractères des yeux et ceux des boutons.

§ 2. Principes généraux de la taille.

Pour produire, la vigne a besoin d'être sans cesse rapprochée. Il faut la tailler avant que les bourres s'entr'ouvrent, pour éviter une déperdition de séve inutile. On a remarqué que la taille hâte la végétation, et, parmi les ceps d'une même espèce, ceux qui sont taillés les premiers poussent avant les autres. Les jeunes pousses étant beaucoup plus sensibles aux intempéries, nous avons, en Belgique, un grand intérêt à ne pas provoquer leur développement prématuré, et nous conseillons d'y retarder la taille, autant que le permet le mouvement naturel de la séve.

La coupe doit être plus éloignée de l'œil que dans les autres arbres fruitiers.

Il ne faut pas perdre de vue que la vigne ne produit du fruit que sur du bois de l'année; la taille a donc pour but d'en obtenir, chaque année, la quantité nécessaire à la production, sans nuire à la forme adoptée.

On doit savoir aussi que les bourgeons sortis d'yeux bien constitués et avantageusement placés, poussent plus vigoureusement que ceux qui proviennent des sous-yeux. Ceux-ci sont, en revanche, plus productifs ; et c'est pourquoi on taille de préférence sur eux, quand on veut avoir du fruit et concentrer la séve.

Les branches à fruits de la vigne portent le nom de *courson*. Lorsqu'on taille, pour la première fois, un sarment sur deux yeux, ceux-ci développent chacun un bourgeon capable de donner du fruit. L'année suivante, on rabat, sur le bourgeon le plus rapproché du talon, tout ce qui lui est supérieur. On taille ce bourgeon conservé sur deux yeux. On peut, suivant les cas, laisser deux bourgeons sur un *courson*. Ces coursons ou branches à fruits doivent être espacés régulièrement sur les bras ou cordons. Ils sont, à chaque taille, rapprochés sur le bourgeon le plus inférieur, pour concentrer la séve, empêcher leur allongement excessif et enfin pour que les productions de l'année puissent être palissées dans l'espace qui sépare les cordons.

L'ébourgeonnement ou la suppression des bourgeons inutiles ou mal placés, joue un grand rôle dans la conduite de la vigne. On ne le pratique que quand la grappe est visible, mais toujours avant la floraison. On supprime les bourgeons faibles, doubles ou triples et quelques-uns de ceux qui portent des grappes, lorsque la vigne en est trop chargée. On a pour but d'éviter la confusion dans le palissage, de ralentir la végétation des parties trop vigoureuses et d'entretenir la vie dans les bourgeons nécessaires pour la taille suivante. Un ébourgeonnement, fait trop tôt, causerait une grande déperdition de séve, parce que, affluant avec fougue, pour remplacer les productions retranchées, elle suinte au dehors par les petites plaies non encore cicatrisées.

Tous les bourgeons à supprimer doivent être coupés sur leur talon, afin de se ménager, au besoin, les ressources qu'entretiennent les sous-yeux. On les perd si l'on arrache le bourgeon. Il faut également supprimer les faux bourgeons qui percent autour de l'insertion des feuilles; on les ébourgeonne, dès qu'ils paraissent, en les tirant de haut en bas.

On retranche aussi toutes les vrilles qui surmontent les bourgeons conservés et qui consomment, à leur détriment, une séve qui leur est nécessaire. Cette opération, qui se fait à plusieurs reprises, est exécutée par le pincement ou au moyen du sécateur, en laissant à chacune un talon de 4 à 5 millimètres.

Les principes qui doivent diriger dans le pincement, le palissage, l'épamprement et toutes les opérations secondaires de la taille, qui peuvent trouver une application dans la conduite de la vigne, ont été précédemment expliqués; nous n'avons rien à y ajouter.

§ 5. Des diverses formes à donner à la vigne.

Sous notre climat, la vigne, pour produire de bons raisins de table, mûrissant à point, a besoin d'être adossée à un mur, sous la protection d'un chaperon. On la conduit ainsi de trois manières différentes: à tige surmontée d'un cordon simple; en cordons horizontaux à la Thomery, et enfin en éventail ou à cordons perpendiculaires et obliques.

A. De la treille à un cordon. Nous ne conseillerons pas, pour la plantation, la méthode adoptée à Thomery, et dont nous parlerons tout à l'heure, parce qu'elle nous paraît trop lente. On peut jouir des avantages qu'elle présente, en choisissant, pour planter, des chevelées enracinées, à bois suffisamment aoûté et assez longues pour que, couchées à 1 mètre 50 du mur, elles puissent atteindre à son pied. Leur sommet ressort de terre, après avoir été redressé à cet effet, et est taillé à deux yeux au-dessus du sol. Ces marcottes enracinées sont enterrées dans une rigole dirigée à angle droit vers le mur. Cette rigole est profonde de 16 à 20 centimètres, selon la nature du terrain, et n'est d'abord comblée qu'à moitié de sa profondeur. Cette pratique a pour but de faire jouir ces marcottes de l'influence de l'air atmosphérique, qui favorise l'émission des racines de tous les yeux et nœuds enterrés. Vers la fin de septembre, on dépose dans la rigole, une couche de fumier consommé, et l'on couvre de terre.

Aussitôt la plantation, qui se fait en mars ou avril, on taille comme nous l'avons dit, le sommet du cep sur deux yeux : l'un pour prolonger la tige, l'autre pour former un sarment. On dirige verticalement le bourgeon de pousse en le palissant convenablement ; on pince le 2e bourgeon pour l'empêcher de devenir trop fort, puisqu'il doit être supprimé quand la tige arrivera à la hauteur où on veut former le cordon, et qu'il n'a qu'une fonction provisoire : celle de concourir à l'alimentation de la tige et de donner quelques grappes, en attendant qu'elle ait pris le développement voulu.

A la seconde taille, on coupe la tige sur un œil terminal, destiné à continuer son prolongement vertical, et sur une longueur qui varie selon sa vigueur, de façon que les yeux de sa base ne soient pas annulés par la végétation de ceux qui leur sont supérieurs. On taille sur l'œil le plus inférieur le sarment latéral, afin d'établir un courson qui produira des bourgeons à fruits.

La 3e taille sera faite de la même manière; on traitera toutes les pousses latérales comme nous l'avons dit pour la première.

Lorsque la tige est arrivée à la hauteur où l'on veut établir le cordon, il y a plusieurs moyens de former le T qui doit unir les deux bras qui le composent, pour qu'ils soient, aussi exactement que possible, opposés l'un à l'autre et sur la même ligne.

1er *moyen*. Ce moyen et le suivant s'emploient pendant la végétation. Quand le bourgeon terminal de la tige, fig. 6, a dépassé le point où doit se trouver le cordon indiqué par la ligne horizontale *A* des fig. 6, 7 et 8 de la pl. IX, on l'a pincé en *a* pour supprimer la partie ponctuée. Ce pincement a fait ouvrir, en faux bourgeon *B*, l'œil le plus rapproché. Dès que ce faux bourgeon a atteint quelques centimètres, il a été pincé à son tour en *b* ; ce qui a provoqué l'émission d'autres faux bourgeons résultant des sous-yeux de sa base ; parmi eux on choisit ceux *c*, *d*, que l'on dirige, aussitôt qu'on le peut, l'un à droite, l'autre à gauche, après avoir détruit toutes les jeunes pousses qui pourraient s'être formées autour d'eux, et avoir pincé le faux bourgeon *e*, si, comme dans la figure, il tendait à se développer. A mesure que les faux bourgeons *c*, *d*, se prolongent en se fortifiant, on les abaisse graduellement, avec quelque précaution, vers la ligne horizontale.

On a eu soin d'abattre les onglets *a* et *b* et de couvrir la coupe de cire à greffer.

2e *moyen*. Quand le bourgeon terminal de la fig. 7 a dépassé suffisamment la ligne *A*, on incline son sommet *B* du côté opposé à celui où se trouve l'œil le plus rapproché de cette ligne. On pince l'extrémité *B*, et ce pincement, secondé par la courbe que décrit la partie conservée du bourgeon, fait éclore en faux bourgeon, l'œil *C* de la base duquel part la courbe. On favorise son développement, en le laissant croître en liberté, selon la direction ponctuée *c*, tandis que le palissage maintient le bourgeon *B* dans un état de gêne.

3e *moyen*. Celui-ci, qui est le plus ancien, s'emploie pendant la taille en sec. On coupe, sur un œil latéral *B*, le plus rapproché de la ligne *A*, le rameau de prolongement de la tige, fig. 8. Cette coupe fait développer les bourgeons *B* et *C*. Quand ils ont une longueur suffisante, on leur donne une direction oblique, en tenant plus verticalement, cependant, le bourgeon *C*, pour qu'il prenne un développement égal à celui *B*; ce qu'indiquent les lignes ponctuées *b*, *c*. Quand ce but est atteint, on les palisse plus horizontalement, en faisant partir la courbe du bourgeon *C*, du point où il atteint la ligne.

Ces trois moyens réussissent également bien. Le second est plus utile, quoiqu'il ait le défaut de ne pas produire le premier courson de chaque bras, à une distance égale de la tige. Le premier moyen n'a pas ce désavantage; mais ses cordons sont plus faibles et doivent être prolongés, avec quelque précaution, pour faire cesser cette faiblesse qui, au reste, dure peu. C'est par ce dernier que le T est le moins apparent.

Le troisième forme un V plutôt qu'un T, et ce n'est qu'à

la longue que ce défaut se dissimule ; il a aussi l'inconvénient de placer le premier courson de chaque bras à une distance inégale du tronc.

Quel que soit, au reste, le moyen qu'on adopte, et qui dépend, non pas toujours de la volonté du cultivateur, mais quelquefois de la végétation du cep, nous allons indiquer comment on conduit ce cordon et de quelle manière on le garnit de branches à fruit.

D'abord, nous disons qu'il ne faut jamais donner plus d'un cordon à une même tige, et qu'il convient de ne pas lui laisser prendre une longueur exagérée. On en voit qui ont jusqu'à 30 mètres de prolongement ; mais alors les productions fruitières du centre sont épuisées ou ne donnent que des fruits avortés. Nous conseillons de ne jamais donner à un bras plus de 3 mètres ; ce qui, pour le même pied, fait un cordon de 6 mètres. Pour être productive, la vigne a besoin d'être rapprochée sur elle-même ; et cette longueur ne peut être dépassée sans danger. On verra tout à l'heure, quand il sera question de la méthode de taille à la Thomery, que ses cordons sont plus courts encore.

En même temps qu'on forme les cordons, on supprime, rez la tige, les productions qu'on a maintenues sur sa longueur, pour aider à son grossissement, et dont quelques-unes ont donné du fruit.

A l'époque de la taille qui suit immédiatement la formation du T, on coupe les deux bras du cordon, selon leur force relative. Si l'un des deux est plus faible, on le taille plus long. Cette taille est assise sur un œil terminal en dessous. Aussitôt que la végétation commence, on ébourgeonne tous les bourgeons inutiles, de façon à n'en laisser, sur chaque bras, que deux ou trois au plus en dessus, espacés entre eux d'environ 16 centimètres. On conserve d'abord le plus rapproché de la tige. L'ébourgeonnement porte sur tous les bourgeons du dessous et sur tous les intermédiaires, de façon que le cordon soit tel que le représente la fig. 1re, pl. X.

On palisse verticalement les bourgeons conservés, dès qu'ils sont assez forts, et on les pince, quand leur prolongement atteint presque le chaperon. Si ce pincement fait ouvrir de faux bourgeons, on pince ceux-ci à leur tour. Ceux qui sont à l'extrémité des bras, sont palissés dans une position obliquement horizontale; et ce n'est que lorsqu'ils sont assez forts, qu'on les attache exactement dans la direction du bras. Nous avons dit précédemment qu'on supprime les ailerons qui se développent plus particulièrement de la base des bourgeons et des faux bourgeons pincés; cependant on les conserve, si l'on a besoin d'une plus grande quantité de feuilles pour fortifier la partie sur laquelle ils croissent.

Les bourgeons ont développé, pendant cette évolution, des grappes, et des vrilles qu'on supprime, comme nous l'avons dit, dès leur apparition. A la taille suivante, on prolonge les deux bras, en taillant sur un œil en dessous, et l'on coupe, à deux yeux, les rameaux conservés l'année précédente.

On ébourgeonne, on palisse, on pince et l'on évrille comme précédemment.

Les autres tailles se font de la même manière. Toutefois, les coursons ont encore besoin de quelques explications. La fig. 2, pl. X, représente le résultat de la première végétation d'un bourgeon conservé sur le cordon. Il a été pincé en *a*, et les deux faux bourgeons *b* l'ont été également à la 1re taille; ce rameau est taillé sur 2 yeux en *c*. Les rameaux qui en résultent, fig. 3, pl. X, ont été traités comme celui de la fig. 2, et sont taillés pour la seconde fois. Celui *A* sera supprimé en *a*, parce qu'il est plus éloigné du courson, et celui *B*, qui fait l'office de rameau de remplacement, sera taillé sur deux yeux en *b*. Ce sarment prend alors le nom de *broche*. Les tailles suivantes sont absolument semblables, jusqu'à ce que le courson auquel appartient la broche, s'allongeant progressivement par l'effet des coupes successives, prenne une élévation désagréable à l'œil et gênante pour la libre circulation de la séve. On peut d'abord, chaque année, rabattre un peu le courson sur un des bourgeons qui surgissent assez souvent de sa base et qu'on est dans l'usage d'ébourgeonner. Au besoin, on supprime même entièrement le courson *A* sur un rameau *B* très-rapproché du cordon, et dont, l'année précédente, on a favorisé le développement comme bourgeon. On taille ce rameau sur deux yeux en *b*, fig. 4, pl. X. Le sécateur est, pour toutes les coupes à faire sur les coursons, infiniment préférable à la serpette.

Lorsque les deux bras sont arrivés à la longueur fixée, on taille leur extrémité sur un œil de dessus, éloigné de 16 centimètres du dernier courson, et l'on en fait aussi une branche à fruits, de façon que le bras se trouve terminé comme l'indique la fig. 5, pl. X.

On établit assez ordinairement le cordon d'une vigne à 50 centimètres du chaperon et l'on entretient dessous d'autres arbres fruitiers en espalier. On reproche, avec quelque raison, à cette disposition, d'être défavorable à la bonne végétation de ces arbres, qu'elle prive des influences de la lumière et des pluies bienfaisantes, qui raniment leur verdure et leur communiquent une nouvelle vigueur. C'est pourquoi il nous paraît préférable de consacrer l'espalier entier à la culture de la vigne, et alors la méthode suivante est la meilleure à adopter.

B. De la treille en cordons à la Thomery. C'est à Thomery, en France, que cette méthode de cultiver la vigne a pris naissance. On a attribué longtemps à la nature de son territoire l'excellence du chasselas qu'il produit; mais on a fini par comprendre qu'elle était due à la manière dont les intelligents cultivateurs de ce pays traitent leur vigne. Aujourd'hui leur méthode se répand, et nous en avons vu, à Montreuil, une application un peu modifiée, sur une treille dirigée avec un succès remarquable par M. Malot, l'un des cultivateurs distingués de cette commune.

Les modifications introduites portent principalement sur la distance à mettre entre les pieds et les cordons superposés les uns sur les autres. A Thomery, les pieds de vignes sont à 55 centimètres les uns des autres, et les cordons espacés de 50. Le principe de la concentration de la séve que l'expérience prouve la rendre plus productive, a fait réduire ces dimensions à 40 centimètres entre les ceps et leurs cordons.

La plantation des pieds doit se faire, comme nous l'avons

dit pour les vignes à cordons simples, afin d'amener de suite les ceps au pied du mur sans perdre trois ans comme à Thomery. La conduite individuelle de chaque cep, la formation des cordons étant absolument les mêmes, nous n'avons pas à y revenir ; nous nous bornerons à expliquer ici la disposition des ceps, afin de couvrir régulièrement l'espalier.

La seule difficulté qui se présente, à cet égard, est de combiner cette disposition de manière que, sur un espace donné, le cordon de chaque cep ait exactement la même longueur, et qu'il ne reste sur le mur aucune place nue.

Sur un mur haut de 3 mètres, on peut établir 7 cordons : le premier à 20 centimètres du sol et les autres à 40 centimètres d'intervalle, de façon que le dernier se trouve à pareille distance du chaperon *E*,*E*, fig. 6, pl. X.

Supposons que l'espace à couvrir soit de 12 mètres ; on y parviendra exactement par la plantation de 31 crossettes à 40 centimètres de distance les unes des autres, et disposées, comme l'indique la figure que nous venons de citer. On peut alterner les cordons de différentes manières ; mais nous avons choisi la combinaison la plus simple. En effet, les numéros des pieds désignent à la fois leur ordre et celui des cordons. Le n° 1 forme le cordon n° 1 et ainsi des autres. Les ceps des séries *b*, *c* ont tous leurs cordons parfaitement égaux en longueur ; cette longueur égale 2 mètres 80 centimètres. Dans la série *a*, les pieds 1, 2 et 3 ont le bras gauche de leur cordon un peu plus court que le bras droit ; savoir : le n° 1, d'un mètre ; le n° 2, de 60 centimètres, et le n° 3, de 20 ; le n° 4, au contraire, a son bras gauche plus long que le droit, de 20 centimètres. Dans la série *d*, le n° 6 a son bras droit plus court de 20 centimètres ; le n° 7, de 60 centimètres, tandis que le n° 5, l'a plus long de 20 centimètres. Enfin le n° 1, qui recommence la 5e série, a son bras droit plus court d'un mètre. Cet ensemble, qui comprend 29 pieds de vignes, est encadré par les deux ceps *A* et *B*. L'un et l'autre sont seulement pointillés sur la fig. 6, afin de rendre leur formation plus distincte. On voit que le cep *A* est garni, sur le côté droit, de trois bras inégaux en longueur, qui complètent les cordons 5, 6 et 7, et que le cep *B* les a sur le côté gauche pour former le complément des cordons 2, 3 et 4.

La conduite de ces deux ceps exige quelques modifications; prenons, pour exemple, le cep A. Quand sa tige est parvenue à la hauteur du 5e cordon, on la taille sur un œil à gauche pour la prolonger; cet œil doit être suivi d'un autre à droite, le plus rapproché de la ligne du 5e cordon. On veille au développement régulier de cet œil, que l'on favorise par les moyens indiqués. On taille de la même manière à la hauteur du 6e cordon; et enfin, quand le bourgeon terminal de la tige s'est suffisamment développé pour dépasser la ligne du 7e cordon, on le courbe à droite, pour le former, en l'amenant graduellement sur la ligne horizontale qu'il doit occuper. On agit de la même manière pour le cep B, en formant ses cordons à la hauteur où ils sont nécessaires, et le 4e est le résultat de la courbure du bourgeon terminal de la tige.

Pour donner à une pareille treille une disposition régulière, on a soin, aussitôt que la plantation est faite, de tracer, sur le mur, les lignes perpendiculaires que doivent occuper les tiges, et les lignes horizontales que doivent couvrir les cordons.

On conçoit que la végétation de 31 pieds de vignes sur une longueur de 12 mètres, est bien moins fougueuse que si les ceps étaient plus rapprochés ; sa modération permet du reste d'obtenir sur tous une vigueur égale. On se rappelle que nous avons dit que les coursons doivent être éloignés sur les bras, de 16 centimètres au moins. Il s'ensuit que chaque cordon long de 2 mètres 80 centimètres, doit en avoir environ 16, selon l'écartement des deux premiers, à droite et à gauche de la tige, et selon la nécessité de laisser la même distance de 16 centimètres entre les coursons qui terminent chacun un cordon opposé.

A l'occasion de la treille à un cordon, nous avons suffisamment expliqué comment on élève la tige, comment on forme le T qui unit les bras d'un même cordon, et enfin comment on effectue la taille des coursons ; il ne nous reste donc rien à ajouter.

C. De la treille à cordons perpendiculaires, obliques, circulaires, etc. — Dès l'instant qu'on sait élever une tige, former les cordons et que l'on connaît la taille à donner aux coursons ou branches à fruits, on peut employer la vigne à garnir les murs, les treillages, les berceaux, les piliers et les colonnes, en appropriant la forme qu'on lui donne, aux besoins de la localité pour laquelle on veut en faire usage.

Bien que nous pensions que la méthode de Thomery soit la plus profitable pour couvrir convenablement un mur, on peut la remplacer par des ceps de vignes plantés, les uns près des autres, à une distance raisonnée et qui ne doit pas être moindre de 40 centimètres. On les élève à tige verticale, que l'on prolonge jusqu'à 30 centimètres du chaperon, et l'on a soin de conserver, à des intervalles à peu près égaux, des deux côtés de chaque tige, les coursons qui résultent, par l'influence de la taille, du développement en bourgeon des yeux qui s'y forment. Ces cordons sont palissés perpendiculairement, et les rameaux à fruits des coursons le sont obliquement dans les intervalles qui séparent les pieds.

S'il s'agit de couvrir un berceau, il suffit de faire décrire au prolongement de chaque tige la courbe que forme la voûte du berceau.

On peut aussi conduire la vigne sous la forme d'un éventail, en prenant, de chaque côté du cep, trois ou quatre cordons convenablement espacés et palissés obliquement. On établit sur ces cordons des coursons qu'on traite comme nous l'avons dit; mais cette forme est assez difficile à maintenir garnie dans ses parties inférieures, parce que la séve tend toujours à se porter vers le haut; c'est en pareil cas qu'il faut ébourgeonner et pincer à propos.

Pour garnir un pilier ou une colonne, il faut conduire le prolongement de la tige d'un cep de vigne, en spirale, dont les révolutions seront suffisamment espacées pour palisser les sarments que développent les coursons.

Enfin, la vigne peut se prêter à toutes les formes et à toutes les dispositions que le goût et l'intelligence peuvent imaginer, pourvu qu'on se conforme aux principes que nous avons établis, et qu'on sache faire une judicieuse application de l'ébourgeonnement et du pincement.

MEILLEURES VARIÉTÉS DE VIGNES

A CULTIVER EN BELGIQUE.

Si, dans les pays plus favorisés que le nôtre, il n'est pas toujours possible d'assigner une époque fixe à la maturité du raisin, on comprendra qu'il y a impossibilité pour nous de rien déterminer à cet égard. Nous nous bornerons donc à indiquer l'exposition propre à chaque variété, ainsi que la qualité, la grosseur, la couleur et la forme des raisins.

Alcantino de Florence. De première qualité; pour le levant ou le midi. Grains noirs, moyens, ovales.

Amella. De première qualité; pour plein midi. Grains gros, ovales, noirs.

Angers noir hâtif. De première qualité; pour le midi, ou tout au moins pour le levant. Grains moyens, noirs, ronds.

Angers rouge hâtif. De première qualité; pour le midi. Grains moyens, rouges, ronds. D'après M. Vibert, qui l'a trouvé, il est le plus doux de tous les raisins rouges.

Chasselas de Fontainebleau. CHASSELAS DE THOMERY. CHASSELAS DORÉ. RAISIN DE CHAMPAGNE. De toute première qualité; pour le midi. Grains blancs, dorés, moyens, ronds.

Chasselas Cioutat. RAISIN D'AUTRICHE. De première qualité. Cette variété ne diffère du Chasselas de Fontainebleau que par ses feuilles laciniées et ses grappes plus petites; même culture.

Chasselas Vroege-Vanderlaen C'est encore une variété du Chasselas de Fontainebleau. De première qualité; pour le levant et le midi; mûrit facilement. Grains moyens, blancs, ronds.

Chasselas rouge. De première qualité; pour le midi. De 10 jours moins précoce que le Chasselas de Fontainebleau blanc, dont il ne diffère que par la couleur de ses grains, qui sont rouges.

Chasselas Blusard ou **Bussard.** De première qualité; pour le midi. Grains gros, blancs, ronds.

Chasselas de Bar-sur-Aube. CHASSELAS DORÉ. HATIF DE TÉNÉRIFFE. De toute première qualité; mûrit facilement; pour le levant ou le midi. Grains gros, blancs, dorés, peu serrés.

Chasselas grosse-perle-hâtive. De première qualité; mûrit facilement; pour le levant ou le midi. Grains gros, blancs, ronds.

Chasselas Tokai des jardins. De première qualité ; mûrit facilement ; pour le levant ou le midi. Grains moyens, roses, ronds.

Chasselas de Pondichéry. De toute première qualité ; pour le midi. Grains gros, blancs, ronds.

Chasselas de Florence. De toute première qualité ; pour le midi ou tout au moins pour le levant. Grains gros, peu serrés, jaunes.

Chasselas angevin. De première qualité ; pour le midi. Grains moyens, peu serrés, blancs, ronds.

Claverie. De première qualité ; pour le midi ou le levant. Grains gros, ovales, blancs.

De Schiras. Ce raisin, selon M. Vibert, provient de pepins envoyés, il y a 12 ou 15 ans, de la Perse à Paris. Il est une acquisition d'une haute importance comme raisin de table. C'est le premier des noirs à gros grains qui mûrit ; sa maturité arrive 5 à 10 jours après le Chasselas ordinaire, et précède de 15 à 20 jours celle du Frankenthal. Le grain est gros, ovoïde, peu serré, d'une saveur agréable et particulière ; pour le plein midi.

Léoni Szollo. De première qualité ; pour le plein midi. Grains gros, blancs, ovales.

Madelaine blanche. St.-Pierre de l'Allier. Sancti-Petri. Jouanen. De première qualité ; mûrit très-facilement ; pour le midi. Grains gros, blancs, ovales, serrés.

Madelaine de Bordeaux. De première qualité ; pour le midi ou le couchant. Grains gros, blancs, ovales.

Madelaine de Jacques. De première qualité ; mûrit très-facilement ; pour le levant. Grains moyens, blancs, ronds.

Muscat Frontignan noir. Caillaba. De première qualité ; pour le plein midi. Grains gros, noirs, ronds.

Muscat Jésus. De première qualité ; pour le midi. Grains moyens, blancs, ronds. Le plus précoce des muscats blancs.

Turc. Grand Turc. De première qualité ; mûrissant très-bien au midi. Grains gros, bleus, ronds. Cette variété est très-recherchée en Hollande, où le raisin mûrit difficilement.

MEILLEURES VIGNES A RAISINS DE TABLE

A CULTIVER SOUS VERRE.

Hâtif de Gênes. Ischia. Madelaine noire. De première qualité. Grains moyens, ovales, noirs.

Frankenthal à gros fruit. De toute première qualité. Grains gros, ronds, noirs, serrés.

Frankenthal allongé. De première qualité. Grains très-gros, ovales, noirs, peu serrés.

Gros Gromier du Cantal. De première qualité. Fruit remarquable par la beauté de sa grappe. Grains gros, roses, serrés.

Lacryma Christi. De première qualité. Grains gros, ronds, noirs.

Malvoisie blanc. De première qualité. Grains gros, ronds, blancs.

Moranet. De première qualité. Grains gros, blancs, ovales.

Muscat blanc. Hatif du Jura. De première qualité. Grains assez gros, blancs.

Muscat d'Alexandrie. De toute première qualité. Grains assez gros, blancs, ovales.

Napoléon. De première qualité. Grains gros, blancs, ovales.

Téněron. De première qualité. Grains très-gros, blancs ; c'est un des plus beaux raisins.

VIGNES POUR BERCEAU ET TREILLAGE.

A goût de cassis. Isabelle. Alexandre. Grains noirs, assez gros, plutôt ovales que ronds, peu serrés.

Chasselas Vroege-Vanderlaen. Grains moyens, blancs, ronds.

St.-Bernard. Grains petits, noirs, ronds.

TROISIÈME SECTION.

Du groseillier (1).

On admet dans le groseillier trois espèces : le groseillier à grappes, le groseillier cassis et le groseillier épineux.

Ce sont des arbrisseaux indigènes à l'Europe, et qui prospèrent parfaitement sous notre climat. Ils se plaisent dans

(1) *Espèces et variétés.*

GROSEILLIERS A GRAPPES.

A fruit noir ou *cassis*.	Couleur de chair.
A très-gros fruit ou *groseille cerise*	Gondouin (rouge).
Blanche à gros fruit.	Ordinaire à fruit blanc.
— ambrée.	— à fruit rouge.
— de Hollande.	Reine Victoria (fruit rouge).

tous les terrains et à toute exposition ; mais, comme à tous les végétaux, une terre douce, sablonneuse, fraîche et riche d'engrais bien consommé, leur convient davantage : ils y donnent des fruits plus doux et plus gros.

On les multiplie de graines et de boutures qui reprennent

ÉPINEUX, *dits* A MAQUEREAU.

A gros fruit rouge rond.	A gros fruit blanc.
— — long.	

VARIÉTÉS ANGLAISES.

NOMS DES VARIÉTÉS.	COULEUR DES FRUITS.	QUALITÉ.	VOLUME.
Abraham Newland...............	blanc.	1	moyen.
Bright Venus (*excellent*)..........	moyen.	1	blanc.
Champagne red, *très-fertile*......	rouge.	1	petit.
— yellow, *excellent*.....	jaune.	1	petit.
Cheshire lady, *tardif, excellent*..	rouge.	1	moyen.
— lass, *très-précoce*.	blanc.	1	gros.
Chrystal, *tardif, fertile*.........	blanc.	1	petit.
Counsellor Brougham, *fertile*.....	blanc verdâtre.	2	gros.
Crown Bob, *très-bon*	rouge.	1	gros.
Early white	blanc.	1	moyen.
Emperor Napoleon, *fertile*.......	rouge.	2	gros.
Farmer's glory, *fertile*...........	rouge.	1	gros.
Glenton green, *très-bon*..........	vert.	1	moyen.
Glory of Ratcliff.................	vert.	1	moyen.
Green gage, Pitmaston, *très-sucré, excellent*..................	vert.	1	petit.
Green seedling, *fertile*..........	vert.	1	petit.
Greenwood, *fertile*..............	vert pâle.	2	gros.
Heart of oak, *fertile*............	vert.	1	gros.
Hebburn green prolific, *excellent*.	vert.	1	moyen.
Irish plum....................	vert foncé.	1	moyen.
Jolly anglers, *tardif*............	vert.	1	gros.
Keens' seedling, *fertile*.........	rouge noirâtre.	1	moyen.
Lancashire lad..................	rouge foncé.	2	gros.
Large early white, *très-précoce*..	blanc verdâtre.	1	gros.
Magistrate	rouge.	1	gros.

facilement, et qu'on fait en automne ou en février ; on les propage aussi de marcottes et par éclats des vieux pieds.

Dans le groseillier à grappes, le rameau de l'année porte à la fois des yeux à bois et à fruits, qui se forment dans l'aisselle des feuilles pendant la végétation du bourgeon. Ce rameau est toujours terminé par un œil à bois qui le prolonge. Sur le bois de deux ans, les boutons à fruits se forment par groupe, toujours sous la protection et dans l'aisselle des feuilles. Il en est de même sur le bois de trois et de quatre ans. Mais, comme il ne se forme plus de feuilles sur celui

NOMS DES VARIÉTÉS.	COULEUR DES FRUITS.	QUALITÉ.	VOLUME.
Maid of the mill..................	blanc.	1	moyen.
Miss Bold, *précoce*...............	rouge.	1	moyen.
Perfection......................	vert.	1	gros.
Queen Charlotte................	blanc verdâtre.	1	moyen.
Red, Beaumont's.................	rouge foncé.	1	moyen.
Red oval large.....	rouge.	1	gros.
Rifleman, *tardif, fertile*.........	rouge.	1	gros.
Rob Roy, *très-précoce*..........	rouge.	1	moyen.
Rough red, *estimé pour sa longue garde*	rouge.	1	petit.
Royal oak......................	rouge.	1	moyen.
Scented lemon, *très-bon*.........	rouge.	1	gros.
Shakespear.....................	rouge.	1	gros.
Sheba queen...................	blanc.	1	gros.
Smiling beauty, *fertile*..........	jaune.	1	gros.
Smooth green.	vert.	1	gros.
Sulphur early, *très-préc., fertile*.	jaune.	2	moyen.
Tantararara....................	rouge.	1	moyen.
Walnut green, *très-fertile*.......	vert foncé.	1	moyen.
— white......................	blanc jaunâtre.	1	gros.
Warrington, *une des meilleures variétés tardives*...........	rouge.	1	gros.
Wellington's glory, *délicieux*....	blanc.	1	gros.
White bear......................	blanc.	1	gros.
— lion, *tardif*................	blanc.	1	gros.
Whitesmith, *excellent, fertile*....	blanc.	1	gros.

Note de l'éditeur.

de cinq ans, et que, sans feuilles, il n'y a point de fruits, ce bois cesse d'en produire, ou ne donne qu'une récolte médiocre.

Cette manière de végéter du groseillier à grappes, indique le traitement que doit lui imposer la taille. On peut le former en pyramide, en buisson évidé, en boule et même en petits espaliers qu'on place entre les autres arbres à fruits et qu'on supprime, s'ils deviennent nuisibles à leurs voisins.

Quelle que soit la forme qu'on adopte, les principes sont les mêmes. La taille a lieu en février, et il convient de la faire assez courte pour maintenir la végétation dans les parties inférieures des branches, et y faire produire des bourgeons pour les remplacer avant leur épuisement. Ce remplacement doit être opéré à la sixième année d'existence de la branche, en la ravalant sur un bourgeon ou sur un rameau. Les produits sont toujours plus beaux et plus abondants sur le bois de trois et quatre ans. On aide aussi par le pincement à la formation qu'on désire, et on l'obtient assez facilement en se basant sur les principes établis. On doit avoir le plus grand soin de le débarrasser de tout le bois mort.

Le groseillier cassis a des boutons à fruits sur le bois de l'année; on peut le tailler plus long que le précédent et même l'abandonner au cours naturel de sa végétation; seulement, il faut aussi supprimer les branches après la quatrième année sur un rameau de remplacement.

Le fruit du groseillier cassis a peu d'emploi à l'état frais; il est presque exclusivement consacré à faire la liqueur qui porte son nom.

Le groseillier épineux, que l'on connaît aussi sous le nom de groseillier à maquereau, végète comme le cassis et doit être conduit de même. Sa forme, la plus généralement admise, est celle du buisson, qu'on doit avoir soin d'évider et d'élaguer, afin que l'air et la lumière, si nécessaires à la production et à la qualité de ses fruits, puissent y pénétrer suffisamment. On peut, en le plantant en palissade, en former des haies impénétrables, qui s'élèvent à près de deux mètres et qui donnent d'abondantes récoltes, si on a le soin de les débarrasser du bois mort.

Le groseillier à grappes est un arbrisseau très-précieux pour notre pays. Ses fruits sont estimés, agréables et d'autant meilleurs qu'ils restent plus longtemps attachés à l'arbre, dont ils ne tombent pas. On peut les conserver jusqu'aux gelées (les rouges surtout), en enveloppant la souche de longue paille. On a le plus grand intérêt à le tailler, car on a alors des fruits bien supérieurs en volume et en qualité.

Quant au groseillier à maquereau, son fruit, s'il est peu estimé en France et même chez nous, l'est au plus haut point en Angleterre. Aussi a-t-on fait, dans ce pays, de nombreux semis de ses graines, qui ont produit une grande quantité de variétés, parmi lesquelles il en est dont les groseilles atteignent le volume d'une prune de moyenne grosseur.

Voici comment on cultive ces belles variétés : on se procure, avant l'hiver, des crossettes que l'on met en jauge ; ce qui en assure la reprise. Au printemps on les plante à 80 centimètres de distance les unes des autres ; si l'on forme plusieurs rangs, on espace ceux-ci de 1 mètre 40 à 1 mètre 50. Avant de mettre les plantes en terre, on supprime, avec soin, les yeux qui se montrent entre les racines, parce que leur développement altère le plant, qui ne doit être formé que d'une seule tige élevée à quelques centimètres de terre. A la deuxième année, on ébourgeonnera au printemps ; ce qui doit se faire tous les ans, afin de supprimer les bourgeons inutiles et de ne conserver que ceux qui sont bien disposés pour former des branches. A la taille d'hiver, on supprime toutes celles qui se trouvent trop près de la base, en maintenant celles qui forment la tête, et en pinçant celles qui seraient trop faibles, pour leur faire prendre du corps ; à la quatrième et cinquième année, ces groseilliers sont en plein rapport, et il n'y a plus qu'à remplacer successivement les branches épuisées, en les rabattant sur un rameau inférieur.

On peut, avec des variétés de choix, garnir très-remarquablement un mur au nord, qu'on utilise ainsi. On plante les sujets à 2 mètres ou 2 mètres 50 de distance, et l'on distribue, comme on le veut, au moyen de l'ébourgeonnement et du pincement, les jeunes pousses qu'on palisse au fur et à mesure de leur développement. Cet arbuste se prête facilement à la forme qu'on veut lui donner, et le mur se couvre de branches bien dirigées, qui le tapissent de feuilles et de fruits.

QUATRIÈME SECTION.

Du vinettier ou épine-vinette.

Cet arbre, qui s'élève à deux ou trois mètres, est plus généralement cultivé pour l'ornement et la décoration des jardins que pour ses fruits. Il est vrai qu'on les mange fort rarement crus, mais on en fait des conserves et des confitures très-délicates et assez estimées.

Dans certaines contrées de la France, on le cultive assez abondamment, pour fabriquer avec son fruit une sorte de vin peu capiteux.

L'épine-vinette n'est point difficile sur la nature du terrain ; ses racines ne sont jamais attaquées par les insectes, et elle réussit dans les lieux les plus arides et les plus pierreux. On peut la propager par rejetons, marcottes ou éclats, que l'on sépare et plante en automne ; mais on la multiplie, par préférence, de graines, qu'elle donne abondamment.

Cet arbre ne se taille pas. S'il est cultivé en haie, on le tond au ciseau ; et si on l'élève à tige, on l'abandonne à peu près à lui-même, en prenant, dès le début, la précaution d'élaguer un peu sa tête, et de supprimer les branches trop vigoureuses qui pourraient attirer toute la séve à elles.

On a essayé d'en former des pyramides, en lui appliquant les principes du poirier ; mais nous n'osons pas conseiller une pareille forme, dont les difficultés excéderaient d'ailleurs le mérite de l'arbre.

CINQUIÈME SECTION.

Du framboisier (1).

Le framboisier ou ronce du mont Ida croît spontanément dans tous les lieux pierreux, ombragés et montagneux de l'Europe. On en cultive plusieurs variétés. On les plante en terre légère, fraîche et ombragée; elles préfèrent l'exposition du levant ou du couchant, où leurs fruits ont plus de saveur et de parfum celle du nord, où, en revanche, elles poussent plus vigoureusement. L'exposition du midi leur est peu avantageuse.

On ne multiplie pas le framboisier de semis, parce que les plants venus ainsi sont longs à fructifier. On le propage par les drageons qui poussent sur les racines des vieux pieds et qu'on plante depuis novembre jusqu'en mars. On les multiplie aussi en relevant les vieux pieds, dont on éclate les racines en autant de morceaux qu'on pourra en trouver, portant un ou deux bourgeons. On consacre un carré à la culture des framboisiers. On les plante à un mètre de distance en tous sens. Cette plantation rapporte peu, les deux premières années; mais ensuite, elle est d'un bon produit pendant six ou sept ans, si l'on a soin de leur donner une forte fumure à chaque automne.

Les soins qu'exigent les framboisiers se bornent à retran-

(1) *Espèces et variétés.*

Framboisier à gros fruit rouge cabus.
— — — rouge oblong.
— Des Alpes ou des quatre saisons (fruit rouge.)
— Des quatre saisons à gros fruit rouge ou bifère.
— Du Chili (gros fruit jaune).
— Falstoff (fruit rouge).
— Gambon (fruit rouge).
— Ordinaire à fruit blanc.
— — à fruit rouge.
— Souchetii.

Note de l'éditeur.

cher, chaque année, vers la fin de l'hiver, toutes les tiges qui ont rapporté des fruits pendant l'été précédent et qui meurent ensuite. On taille en même temps les jeunes tiges de 70 centimètres à un mètre de longueur, selon leur force. Cette taille a pour but de faire ouvrir tous les boutons qui restent au-dessous de la coupe, jusqu'à la distance d'environ 30 centimètres du sol. Elle doit donc être calculée sous ce point de vue. Tous ces boutons s'ouvrent en brindilles, qui s'allongent d'autant plus qu'elles approchent davantage du sommet. Chaque brindille se termine par une grappe de fleurs, et se garnit, sur sa longueur, de feuilles à l'insertion desquelles se développent aussi des grappes. Les brindilles meurent après avoir fructifié. On ne doit pas laisser aux framboisiers toutes les jeunes tiges qui partent de leur souche ; ce serait les épuiser promptement. Il suffit d'en conserver cinq à six par touffe. Il faut avoir soin de donner chaque année un labour, mais il doit être peu profond, pour ne pas endommager les racines qui sont toujours assez près de la surface du sol, et qu'on recouvre ensuite d'environ deux à trois centimètres de bonne terre.

Les framboises ne mûrissent pas en même temps. Il faut donc faire plusieurs cueilles, parce que celles qu'on laisse sur pied, quand elles ont atteint leur maturité, tournent promptement.

SIXIÈME SECTION.

Du mûrier noir ou à fruits noirs.

Le mûrier présente peu d'intérêt sous le rapport de ses fruits, dont nous devons nous occuper seulement ; aussi est-il relégué dans quelques lieux arides et mieux encore dans les basses-cours où l'abri des bâtiments lui est favorable.

Les uns le font originaire de la Chine, les autres de l'Asie Mineure. Ce qu'il y a de certain, c'est que son introduction en Belgique est très-ancienne, et qu'il nous est venu de la Grèce, dont une province, la Morée, doit son nom à la quantité de ses mûriers.

Il s'élève chez nous à cinq ou six mètres, se plaît dans un terrain meuble, un peu pierreux, et a besoin d'être abrité des vents du nord. On le multiplie difficilement de semis et de boutures; aussi est-on dans l'habitude de le marcotter.

Il est d'une reprise assez difficile, si, en le plantant, on n'a pas soin d'envelopper ses racines, ou plutôt de remblayer la fosse, de terreau ou de détritus de couche.

Il est rare qu'on taille le mûrier, dont on abandonne le développement à la nature, sous la forme de haut-vent. On se contente de le débarrasser du bois mort et de supprimer les branches inutiles qui peuvent faire confusion. Quand il devient vieux et que ses fruits ont dégénéré, on rabat ses grosses branches jusqu'à quelques centimètres de leur insertion, pour que ces moignons percent des bourgeons.

SEPTIÈME SECTION.

Du figuier (1).

Le figuier est un arbre indigène aux contrées méridionales de l'Europe, et qui a, par conséquent, besoin de quelques précautions pour résister aux intempéries de nos hivers. Il est peu difficile sur la nature du sol, quoiqu'il préfère généralement une terre légère, sablonneuse et chaude. Chez nous, il lui faut l'exposition du plein midi, où il réussit assez bien, quand on le tient adossé à un mur.

On le multiplie de graines, de rejetons, de marcottes, de boutures et par la greffe en fente et en couronne.

Le semis est un moyen long et peu certain; aussi pré-

(1) *Espèces et variétés.*

Figue blanche ronde (la meilleure).
— — longue (plus grosse que la précédente, mais plus difficile pour l'exposition et moins fertile).
— grosse longue (forme de poire, rouge violacé).
— violette. (chair violette).

Note de l'éditeur.

fère-t-on les rejetons qu'on détache des vieux pieds, quand ils ont deux ans. Les marcottes, ainsi que les boutures, se font en mars ou avril avec du bois de deux ans.

On taille le figuier le moins possible, afin d'éviter la perte de séve que lui cause chaque amputation. On ne cherche donc pas à lui faire prendre une forme régulière qu'on obtiendrait difficilement; on se contente, à chaque printemps, de supprimer, avant l'ascension de la séve, les branches mortes et celles qui sont stériles. Il faut avoir soin de laisser un long onglet entre la coupe et l'œil qu'on veut faire terminal. S'il n'avait pas 10 à 12 mill., la mortalité pourrait descendre jusqu'à lui. Par la même raison, on ne doit jamais rabattre une branche rez la tige. On ébourgeonne les bourgeons surabondants et qui feraient confusion, et surtout ceux qui s'élèvent de la souche, lorsqu'ils sont inutiles au remplacement de quelque tige morte à supprimer. On parvient, par le pincement et mieux encore par l'ébourgeonnement, à le former à tige.

On emploie deux moyens pour le garantir des gelées : le premier consiste à l'empailler, c'est-à-dire, à l'envelopper le mieux possible de paille longue, assujettie de distance en distance par des liens d'osier, et à butter son pied sur une hauteur de 50 centimètres environ. Le second, à coucher toutes les tiges contre terre ; à les y assujettir à l'aide de piquets de bois, et à les couvrir d'environ vingt centimètres de terre, et, quand la gelée devient intense, on jette sur le tout une couche de litière ou de feuilles sèches. Le figuier peut rester trois mois dans cette position sans danger. Lorsque les grands froids ne sont plus à craindre, on redresse les branches et on les rétablit dans leur état primitif. Il ne faut pas craindre de couper, sur la souche même, les branches atteintes par la gelée. Il s'y forme de nouveaux jets qui donnent des fruits deux ans après.

Nous ne répéterons pas ce qui a été dit pour hâter la maturation des figues, d'en piquer le sommet avec une épingle, et d'introduire, dans cette piqûre, une goutte d'huile ; mais nous conseillerons de pincer le bourgeon qui surmonte les branches à fruits, lorsqu'il a pris un certain développement.

Cette opération assure les fruits placés au-dessous et hâte leur maturité.

HUITIÈME SECTION.

De l'amandier (1).

L'amandier a pris naissance en Asie. C'est un arbre de moyenne grandeur, dont la végétation naturelle est en tout semblable à celle du pêcher.

Il aime une terre légère, profonde et chaude, et réussit assez bien dans les sols calcaires. En Belgique, il lui fau l'espalier, parce qu'il a besoin de l'abri des murs et des auvents, et on le conduit de cette manière absolument comme le pêcher.

Toutefois, nous ne conseillons à personne de l'y cultiver; l ne peut y fructifier.

NEUVIÈME SECTION.

Du châtaignier (2).

Le châtaignier commun est un grand arbre indigène à tous les bois montagneux de l'Europe. Il se recommande par ses fruits, qui, dans certaines localités, sont la base de la nourriture de la population. Son bois est employé par les

(1) *Espèces et variétés.*

Amandier. A coque dure ou commun.
— — tendre.
— A fruit amer.
— A la princesse, des dames ou grosse à coque tendre.

Note de l'éditeur.

(2) *Espèces et variétés.*

Châtaignier commun (non greffé).
— Châtaigne grosse hâtive de Châlons (greffée)
— Marron de Lyon ou de Luc (greffé).

Note de l'éditeur.

charpentiers et les menuisiers. On en fait des cerceaux et des perches. Il se conserve assez bien dans l'eau.

Il veut une terre franche, légère, granitique ou sablonneuse; il craint un sol humide. On le multiplie de semis et on greffe les variétés. Il a besoin de beaucoup d'air, et les branches qui en sont privées, ne fructifient pas. C'est pourquoi, en les plantant, on calcule leur distance sur leur développement présumé, et de façon que les branches ne se recouvrent pas les unes les autres.

On ne cultive le châtaignier qu'à haut-vent. Lorsqu'il forme sa tête, il faut prendre garde aux branches gourmandes qu'il convient de supprimer, si l'on ne veut pas qu'elles fassent périr leurs voisines et donnent à l'arbre une forme irrégulière. On a également soin de retrancher les branches faibles. Quand il vieillit, la séve abandonne la sommité des branches; c'est le moment de les ravaler à un mètre plus ou moins du tronc. A la suite de cette opération, il se forme une grande quantité de rameaux qui deviennent de bonnes branches à fruits. Le châtaignier peut être ravalé ainsi plusieurs fois, car son existence est prodigieusement longue.

Les châtaignes se récoltent avec des perches et en ménageant autant que possible les ressources des récoltes suivantes. On conserve les châtaignes deux mois au moins dans leur enveloppe, où elles acquièrent une maturité plus complète; on les en dépouille alors et on les fait sécher au soleil sur des claies.

DIXIÈME SECTION.

Du noisetier (1).

C'est un grand arbrisseau indigène. Les fruits du *noisetier des bois*, type de toutes les bonnes variétés que nous culti-

(1) *Espèces et variétés.*
Noisetier commun.
— franc à fruit blanc.

vons dans nos jardins, sont dédaignés à cause de leur petit volume.

Le *noisetier des bois* se multiplie ordinairement par le semis de ses graines; mais, comme ce moyen ne reproduit pas toujours le type des bonnes variétés, celles-ci se propagent de marcottes, de drageons, et souvent par la greffe sur le *noisetier des bois.*

Ces arbrisseaux se plaisent dans tous les terrains, mais ils préfèrent une terre légère et un peu humide ; les fruits y deviennent plus gros et meilleurs. Ils ne demandent d'autre précaution que celle d'être placés de façon à jouir d'assez d'air. Afin de ne pas les étouffer, on doit les éloigner des massifs, où des propriétaires peu expérimentés les plantent ordinairement. On les place à l'exposition du nord. On ne les taille que quand ils sont greffés ou qu'on veut les élever à tiges ; on abandonne les buissons à la nature.

Les noisetiers donnent une huile bien plus précieuse que celle des noix; elle pourrait remplacer l'huile d'olives : elle convient surtout pour la peinture, parce qu'elle est siccative; mais on en fait fort peu.

ONZIÈME SECTION.

Du noyer (1).

Le noyer est un grand arbre originaire de l'Asie, mais cultivé en Europe depuis un temps immémorial. Il est fort

Noisetier à veline grosse rouge.
— — blanche.
— — d'Alger.
— — ronde.
— à feuille laciniée.
— à feuille et à fruit pourpre.

Note de l'éditeur.

(1) *Espèces et variétés.*
Noyer à coque tendre ou mésange.
— à gros fruit long.
— commun à coque dure.

intéressant sous le rapport de ses fruits et de son bois, ainsi que des divers produits qu'on en retire pour les arts et l'économie domestique.

Le noyer n'est pas difficile sur le choix du terrain; il réussit dans presque toutes les terres. Si sa croissance est plus rapide dans un bon fond que dans un sol sec et pierreux, son bois acquiert, dans ce dernier, plus de qualités. On le multiplie de semis; la greffe n'a lieu que pour la propagation des variétés; toutefois les noyers greffés produisent plus tôt et plus abondamment. Malheureusement, cet arbre fait attendre ses produits; il ne commence à fructifier que vers la 10e année; et ce n'est qu'après trente ans qu'il donne des récoltes vraiment importantes.

Les noyers doivent être plantés isolément et à de grandes distances, parce qu'ils prennent d'énormes dimensions. Ils aiment le grand air. On ne les élève qu'à haut-vent; ils forment naturellement leur tête et n'ont besoin que d'être débarrassés du bois mort et des branches rompues. On ne coupe jamais du bois vert que pour former les tiges, et quand il y a nécessité de supprimer des branches mal venantes ou d'une vigueur qui peut compromettre l'existence de leurs voisines.

La maturité des noix est indiquée par le brou qui se crevasse et par la chute spontanée de quelques-unes. On fait la récolte avec des perches, dont on frappe légèrement les fruits, qui se trouvent placés au sommet des branches. L'opération doit se faire de manière à ne pas trop effeuiller l'arbre, et à ne pas détruire une trop grande quantité de boutons.

On ne plante pas les noyers sur la lisière des champs en rapport, parce que leurs racines, qui s'étendent au loin, effritent la terre, et que leur ombrage est nuisible aux plantes qu'ils privent du soleil. On prétend que l'eau des pluies qui séjourne sur ses feuilles, est préjudiciable aux végétaux sur lesquels elle tombe ensuite.

Noyer tardif (fleurissant fin juin).
— fertile ou *juglans præparturiens.*

Note de l'éditeur.

TROISIÈME PARTIE.

DE QUELQUES POINTS IMPORTANTS DANS LA CULTURE DES ARBRES FRUITIERS.

CHAPITRE PREMIER.

DE L'EMPLOI DES ARBRES FRUITIERS.

Maintenant que nous avons fait connaître les diverses espèces d'arbres fruitiers qui peuvent être cultivés chez nous, il ne nous reste, pour compléter les renseignements que nous regardons comme indispensables, qu'à consigner ici quelques indications générales sur leur emploi, leur culture, leurs maladies et sur les moyens de les restaurer, quand ils sont devenus défectueux par l'âge.

Nous avons vu que, parmi les arbres dont nous avons traité, il en est que nous ne pouvons cultiver qu'à haut-vent; d'autres qui, prenant des dimensions plus restreintes, se plaisent et réussissent en plein vent, et finalement quelques-uns que nous ne pouvons cultiver ou conserver qu'en espalier.

PREMIÈRE SECTION.

Des vergers.

Les vergers sont de grands jardins fruitiers ordinairement clos par des haies vives et où sont cultivés à haut-vent les arbres qui peuvent braver impunément les intempéries de l'hiver.

La nature du sol d'un verger doit être assez semblable à celle de nos terres arables, mais il ne faut pas que l'élément calcaire y domine.

Le terrain doit être profond et n'avoir pas un sous-sol glaiseux qui retienne trop l'humidité; il doit être constitué de façon à n'être jamais ni trop sec ni trop humide. Au reste, nous conseillons aux propriétaires qui veulent créer un verger, de faire défoncer au préalable le terrain qu'ils y destinent, à 75 centimètres ou à 1 mètre de profondeur, selon la qualité du sol, et d'y introduire une quantité convenable d'engrais bien consommé ou de balayure de rue.

L'exposition d'un verger importe peu, parce que la combinaison des plantations doit être telle que les plus grands et les plus robustes des arbres garantissent les plus faibles de l'influence de celle qui est la plus nuisible; toutefois, chez nous, l'exposition du sud-ouest est la meilleure.

Quand on a, comme nous l'avons dit plus haut, défoncé le sol à 75 centimètres ou 1 mètre de profondeur, on peut planter dans des trous; mais, si l'on s'est borné à niveler le terrain ou à lui donner un léger labour, il vaut mieux planter en tranchées. On ouvre alors, à 10 ou 12 mètres de distance, des tranchées parallèles de 2 mètres de largeur et d'un mètre de profondeur. On les remplit, jusqu'à une hauteur de 70 centimètres, avec la terre sortie du trou, convenablement amendée avec de la balayure de rue ou du terreau de fumier consommé. Qui plante richement, récolte abondamment. On ne plante dans un verger que des arbres déjà forts, et dont les tiges ont au moins une hauteur de 2 mètres. Les arbres doivent être vigoureux; les poiriers et les pommiers greffés sur franc; les cerisiers, sur merisier, et les pruniers sur myrobolan.

La plantation se fait en lignes et en échiquier. On a soin, si l'on n'a pas amendé, comme nous l'avons recommandé plus haut, d'entourer les racines de bonne terre qu'on plombera suffisamment. On donne un tuteur à chaque sujet pour l'aider à résister, jusqu'à sa parfaite reprise, à l'effort des vents. On a soin de placer un tampon de mousse entre la tige et le tuteur, ainsi qu'à tous les points de contact où se trouvent les liens d'osier. Il est bon d'entourer les arbres d'une armure d'épines pour les défendre contre les attaques du bétail, et, en cas de sécheresse, de les arroser convenablement pendant la première année. Quand ils ont poussé, on aide à la formation de leur tête, comme nous l'avons dit à l'article haut-vent, et après trois ou quatre ans de plantation, on les abandonne à eux-mêmes.

On plante dans nos vergers quelques cerisiers et pruniers d'une fertilité reconnue ; ce sont les seuls arbres à noyau qu'on puisse cultiver ainsi en Belgique ; les poiriers et les pommiers sont les principales espèces qu'on y élève. On a soin de disposer la plantation de façon que les arbres qui prennent les plus petites dimensions, occupent les premières lignes à l'exposition la plus favorable, tandis que la dernière se composera de noyers pour former un abri naturel qui garantisse des mauvais vents.

Quand on cultive dans les vergers, des céréales ou des herbages, il convient de laisser, autour de chaque pied d'arbre un périmètre de 6 mètres sans aucune culture.

Les soins subséquents qu'exige un verger, consistent à élaguer les arbres de tout le bois mort et des branches cassées par le vent, et de faire tomber, chaque année, par un temps de pluie, à l'aide d'un balai, la mousse dont ils se couvrent.

DEUXIÈME SECTION.

Du jardin fruitier.

On a souvent agité la question de savoir s'il vaut mieux cultiver des arbres fruitiers seulement dans un jardin, ou si l'on doit leur adjoindre des légumes. L'usage de réunir ces deux cultures a généralement prévalu. Les jardins fruitiers sont donc à la fois des jardins potagers et fruitiers.

Le jardin potager-fruitier doit être entouré de murs d'une hauteur de 3 m. 33 c., et divisé intérieurement par des murs de refend d'une hauteur de 3 m. Ces murs fournissent diverses expositions pour les arbres en espalier : les plus favorables sont celles du midi, du levant et du couchant. On place les murs de refend à des distances plus ou moins grandes selon le goût et les besoins du propriétaire ; mais ces distances sont ordinairement de 25 mètres ; supposons cette distance adoptée. Il y aura, le long des deux murs, une plate-

bande pour les espaliers, de 1 m. 60 cent.......	3	20
Une allée de séparation large de 2 mètres....	4	00
Une plate-bande pour contre-espaliers, pyramides, etc., de 2 mètres..................	4	00
Un sentier, entre la plate-bande et les carrés, de 90 cent........	1	80
Des carrés, au milieu, pour la culture des légumes..............................	12	00
Total général........	25 m.	00

Telle est, le plus généralement, la distribution de cette largeur, quel que soit le prolongement de cette division.

Examinons maintenant comment doit se faire le placement des arbres, tant contre les murs en espalier que sur les plates-bandes qui entourent les carrés consacrés aux légumes.

Des espaliers. — Pour avoir des espaliers, il va sans dire qu'il faut d'abord construire des murs. Nous n'entrerons pas dans les détails de construction. On utilise les matériaux qu'on a à sa portée selon les localités ; mais ce qu'il nous importe de faire connaître, c'est la direction que doivent avoir les murs intérieurs. Quant à ceux de ceinture, cette direction dépend de la configuration du terrain sur lequel s'établit le jardin fruitier. Les murs de refend doivent avoir au plus la hauteur de 3 mètres 50 cent., si l'on adopte dans leur espacement un intervalle de 25 mètres, et de 2 mètres 66 cent. seulement, si on ne laisse que 20 mètres entre eux. Ils devront être surmontés d'un chaperon saillant de 16 à 20 cent. pour rejeter les eaux pluviales au delà des arbres appliqués contre eux. Leur direction sera méridienne, c'est-à-dire que le mur ne portera ombre ni à droite ni à gauche à l'heure de midi. Pour cela, on les bâtit exactement du nord au sud. On a ainsi les expositions du levant et du couchant ; ce qui donne le plein midi entre les murs. Si, par la disposition de l'emplacement, il n'était pas possible d'obtenir une direction exactement semblable, il vaudrait mieux donner une heure de plus de soleil à l'exposition du levant qu'à celle du couchant. La première, en effet, passe immédiatement de la fraicheur de la nuit à la chaleur que répand la présence du soleil, tandis que la seconde est déjà échauffée, quand ses rayons l'atteignent, par le calorique dont l'air, très-bon conducteur, s'est chargé depuis le matin ; ce qui compense et au delà l'heure qu'on lui retranche.

On décidera d'avance si on garnira ou non d'un treillage les murs contre lesquels on cultivera les pêchers. Ils peuvent l'être tous, tandis que, pour le palissage à la loque, il faut que le mur soit en briques ou, sinon, revêtu d'un enduit de mortier en chaux et sable, épais de 4 à 5 cent.; nous conseillons le treillage en bois, si l'on ne préfère, comme nous l'avons fait pour notre école, celui en fort fil de fer, dont nous parlerons plus loin. Quand on a décidé de garnir les murs d'un treillage, on scelle deux rangs de crochets alternant entre eux : l'un près du chaperon, l'autre à 15 cent. du sol. Ces crochets, espacés selon le besoin, sont destinés à maintenir le treillage. Les mailles de celui-ci ont ordinairement 15 cent. en tous sens pour le palissage des pêchers, et 20 cent. pour celui des autres espèces fruitières. Les treillages en bois se font en chêne, avec des lattes larges de 27 mil. et épaisses de 7. Ces lattes sont liées entre elles par du fil de fer, opération que l'on appelle *coudre*, et reçoivent deux couches à l'huile en gris ou en vert.

Faut-il peindre les murs en noir ou en blanc? Les physiciens ont décidé que la couleur blanche opaque réfléchit les rayons chauds et lumineux du soleil avec d'autant plus d'énergie qu'elle est plus lisse, et qu'au contraire, la couleur noire opaque les absorbe à un degré d'autant plus marqué que sa surface est plus raboteuse.

Mais il faut savoir aussi que les rayons solaires ne touchent pas la surface blanche ; ils en approchent à une très-petite distance, sans être jamais en contact précis avec elle ; d'où il suit qu'il fait plus chaud à quelques millimètres du mur que sur le mur lui-même, parce qu'à cette petite distance les rayons qui arrivent, se doublent de ceux qui sont repoussés plus ou moins obliquement. Il en résulte encore que la surface blanche, n'aborbant pas de rayons solaires pendant le jour, est bien plus froide pendant la nuit. Si l'on réfléchit un instant, on reconnaîtra qu'en pareil cas, les arbres en espalier éprouvent un contraste plus marqué de chaleur et de refroidissement, et que plus ils sont près du mur, plus ce contraste est sensible. C'est sans doute à cette cause qu'il faut attribuer la différence en moins que présente la durée des arbres palissés à la loque, parce qu'ils sont appliqués sur le mur lui-même, comparée à celle des arbres sur treillage, qui les en tient plus éloignés.

Quant aux murs peints en noir, ils se laissent pénétrer par la chaleur solaire, qui s'y accumule à un haut degré pendant le jour ; ce qui fait que les arbres, qu'ils soutiennent, ont moins chaud quand ils ne sont pas en contact immédiat avec eux. Mais quand l'atmosphère se refroidit dès l'absence du soleil, les murs noirs rayonnent le calorique dont ils sont imprégnés, lequel réchauffe, en passant, les arbres qui y sont appliqués. Il résulte de ces phénomènes que ces derniers ont aussi moins froid pendant la nuit et que les extrêmes de température dans lesquels ils vivent, n'atteignent pas, sur l'échelle thermométrique, des degrés aussi élevés et aussi bas que par la couleur blanche.

De tout ce qui précède, nous concluons que les effets attribués aux couleurs blanche et noire, n'ont une grande importance qu'à l'exposition du midi ; qu'ils sont nuls à celles de l'est et de l'ouest ; que la couleur noire donne une température moins élevée, mais plus égale et plus durable ; que la couleur blanche ne pourrait être dangereuse qu'à une exposition méridionale sous un climat très-chaud, et à la condition que sa surface soit très-blanche et très-lisse ; que cette dernière condition se réalise rarement ; qu'enfin, en supposant encore qu'elle existe, son effet est singulièrement restreint par la présence des feuilles qui sont toujours abondantes en été, où le soleil a plus de force.

Généralement, on regarde la couleur noire comme exaltant la chaleur, ce que l'opinion des physiciens semble contredire. Cependant, un homme très-compétent en culture, M. de la Chaussée, de Lille, avec qui nous avons l'honneur de correspondre, préconise la peinture en noir sur le haut des murs contre lesquels sont palissés des cordons de vigne. Il nous affirme que, pour avoir des grappes de raisin plus précoces, il a soin, tous les ans, d'en attacher plusieurs contre la muraille noire; et celles-là mûrissent 8 à 12 jours plus tôt que les autres sur la même vigne. Cette observation confirme notre opinion, puisque nous avons dit que le mur noir accumulait la chaleur, et que, dans l'exemple que nous venons de citer, l'effet se produit sur des grappes touchant le mur; ce rapprochement est facile à obtenir par le palissage à la loque.

Au reste, nous manquons d'expériences suffisantes pour donner une solution positive à cette question, que nous nous proposons d'étudier par l'usage des murs peints en noir.

Une chose, à notre avis, bien plus importante que la couleur des murs, c'est la nécessité, pour notre climat, de les garnir de chaperons et d'auvents. Les chaperons ont l'avantage de préserver, jusqu'à un certain point, les arbres de la gelée, en éloignant l'humidité et les gouttes d'eau qui, séjournant sur les yeux et les boutons, peuvent se congeler et les désorganiser. Ils rendent aussi moins fougueuse la végétation des rameaux supérieurs, en leur cachant une partie du ciel. On admettra facilement cette dernière influence, si on se rappelle que nous avons indiqué, comme un excellent moyen d'équilibrer deux ailes inégales, celui de placer, au-dessus de la plus forte, une planche ou un auvent pour diminuer la lumière et la masse d'air ambiant. La saillie des chaperons est proportionnée à la hauteur des murs et à l'exposition. A l'ouest, elle doit être de 20 centimètres pour un mur haut de 3m., 33, et de 16 centimètres seulement pour celui qui n'a que 3 mètres. A l'est, il suffit de 15 centimètres dans le premier cas, et de 12 dans le second.

Quant aux auvents, dont la présence est indispensable chez

nous, si l'on veut obtenir de bonnes récoltes, du pêcher particulièrement, nous en avons indiqué, page 25, les dimensions en largeur selon les expositions. Leur effet est analogue à celui des chaperons, mais avec un succès plus prononcé. Il faut les placer vers le 15 janvier, afin de prévenir tout commencement de végétation. On les retire vers le 15 mai et même plus tard, si la température et la constitution atmosphérique ne paraissent pas favorables. Non-seulement les auvents préservent en grande partie le pêcher des intempéries tardives, mais encore ils facilitent le développement régulier des feuilles, de façon que celles des parties supérieures, qui se montrent les premières, ne croissent pas avec assez de rapidité et de vigueur pour empêcher l'émission de celles que doivent produire les bourgeons de la base. Toutefois, les auvents n'exercent leur action préservatrice qu'autant qu'ils ne sont pas trop éloignés des sommités de l'arbre qu'ils couvrent. C'est donc pour les pêchers formés qu'il convient de les placer immédiatement sous le chaperon. Pour ceux qui sont jeunes et dont les rameaux en sont encore très-éloignés, on fixe les auvents au-dessus d'eux à une distance telle que, quand ces jeunes arbres sont taillés, il y ait entre eux un intervalle de 50 centimètres au moins. Dans tous les cas, ces auvents sont posés sur les potences ou supports représentés fig. 20, pl. I. Ces potences sont fixées aux mailles du treillage. C'est aussi sur ces mêmes mailles que les paillassons qui forment auvent sont assujettis par des liens d'osier, afin qu'un coup de vent ne puisse pas les enlever.

Lorsqu'il s'agit de planter un jardin, il faut combiner le choix des espèces fruitières à y admettre, de façon à ne pas manquer de fruits depuis le moment où les premiers paraissent, jusqu'à l'époque où les derniers finissent, et multiplier ces espèces, en raison de l'étendue du terrain et de ses qualités. C'est pourquoi nous avons fait suivre chaque genre des principaux arbres fruitiers de la liste des meilleures variétés, avec les renseignements qui peuvent guider dans un pareil choix. Nous ferons aussi remarquer qu'il est possible d'avancer ou de retarder la maturité des fruits, en plantant des sujets de la même variété à diverses expositions.

Chez nous, l'abri des murs est indispensable à beaucoup de fruits ; il est donc important d'en avoir la plus grande étendue possible. Voici l'ordre dans lequel les arbres fruitiers que nous pouvons cultiver, exigent le plus impérieusement l'espalier. D'abord le pêcher, ensuite la vigne, l'abricotier, le prunier, le cerisier et plusieurs variétés de poiriers. Ainsi, si l'on n'a que quelques mètres d'espalier, c'est d'abord au pêcher et à la vigne qu'il faut les consacrer.

Pour les arbres que l'on plante en espalier, il faut prévoir l'étendue qu'ils doivent prendre dans leur plus grand développement, afin que les murs ne soient pas trop longtemps découverts, et que les arbres ne viennent pas à se gêner. Dans cette appréciation, il faut tenir compte de la végétation de chacun, selon la nature du sujet sur lequel il est greffé, et de la plus ou moins grande fertilité du sol.

Ce n'est donc que sous le bénéfice de ces considérations que nous allons indiquer les distances qui peuvent le plus généralement convenir sous notre climat.

Les pêchers exigent 8 mètres d'intervalle, excepté ceux destinés à être conduits en cordons horizontaux qui, comme nous l'avons dit, ne doivent être distancés que de 4 mètres ; 6 mètres suffisent pour les abricotiers, les pruniers et les cerisiers ; 10 mètres sont nécessaires aux poiriers qui sont greffés sur franc et qui poussent vigoureusement ; 6 à 8 seulement pour les variétés greffées sur cognassier. Il faut aux pommiers sur franc 8 mètres ; à ceux sur doucin 6 mètres, et à ceux sur paradis 3 mètres.

La plate-bande touchant les murs aura été préalablement défoncée à un mètre de profondeur ; on aura mêlé à sa terre les amendements nécessaires et une fumure, composée d'engrais d'autant plus consommés, que cette opération sera plus rapprochée du moment de la plantation même. C'est sur cette plate-bande, ainsi défoncée, que l'on fait les trous qui doivent recevoir les arbres, en laissant entre eux les intervalles convenables.

On plante les arbres à l'automne, à 16 centimètres du mur sur lequel on amène la tige. On opère de façon qu'ils soient enterrés justement au niveau du collet, tels, enfin, qu'ils étaient dans la pépinière. On a soin de diriger les plus fortes racines à gauche et à droite et non pas en arrière ni en avant où elles rencontreraient, d'un côté, les fondations du mur, de l'autre, la limite des allées qu'on n'a pas l'habitude de défoncer, et l'on aura soin de répandre, entre leurs interstices, de la terre bien meuble. Toutes ces racines doivent être soigneusement allongées. Pour planter avec régularité, on a une règle aux extrémités de laquelle sont clouées deux lattes qui, touchant chacune au mur, portent la règle exactement à 16 centimètres du pied de celui-ci. On la place donc parallèlement au mur en travers du trou, et, en avant d'elle, on présente le jeune arbre. Si la trace de son collet la dépasse, on ôte un peu de terre ; si elle est trop basse, on en ajoute, jusqu'à ce qu'enfin elle soit exactement au niveau de la règle. On range alors ses racines, comme nous l'avons dit, et on comble sans enterrer la greffe. La plate-bande des espaliers doit être plus élevée près du mur que vers l'allée, afin qu'elle puisse rejeter les eaux pluviales qui tombent des chaperons et des auvents. Sous notre climat, il est utile, quand on plante de jeunes pêchers avant l'hiver, de placer à quelques centimètres au-dessus d'eux une planche de 33 centimètres carrés, pour les garantir des intempéries et protéger les quelques yeux sur lesquels on les a rabattus. Voyez fig. 7, pl. XI, qui représente ce petit appareil dont nous venons de faire usage dans notre école. Il est quelquefois également utile de placer, au printemps, en avant de l'arbre, une planche ou une toile pour garantir la greffe et la jeune tige de la trop vive ardeur du soleil. Enfin, dans la plantation des jeunes arbres pour espaliers, il est bon de faire un rapide examen des yeux dont leur tige est garnie, afin de la placer de façon que les mieux disposés, en prévision de la taille prochaine, se trouvent à droite et à gauche.

Comme il faut plusieurs années pour que la formation des arbres en espalier arrive à couvrir les intervalles qu'on laisse entre eux, on peut, selon les cas, doubler la plantation, sauf à retirer les intermédiaires, quand ils gênent, pour les transplanter ailleurs. On place avantageusement entre eux de petits espaliers sur paradis, qu'on supprime à leur tour quand il le faut. Enfin, on cherche, selon les circonstances, tous les moyens d'utiliser le terrain.

Des arbres en plein air sur les plates-bandes.

Les plates-bandes destinées à la plantation des arbres fruitiers en plein air, soit en pyramides, soit en vases, contre-espalier, etc., ont une largeur d'au moins 2 mètres. Elles sont défoncées, comme nous l'avons dit pour les plates-bandes de l'espalier. Lorsqu'elles sont dressées et séparées, par un sentier, des carrés de légumes, on en mesure la longueur, et, partant de ce principe que chaque encoignure doit être garnie d'un arbre de la forme la plus élevée parmi celles admises, on divise cette étendue de façon à y placer le nombre d'arbres convenable, selon le choix qu'on en a fait. L'usage pour les arbres en plein air est d'alterner les espèces et les formes. Ainsi, on plante, par exemple, un poirier pyramide, ensuite un pommier en vase et ainsi de suite. D'autres fois on remplace les paradis par des groseilliers à grappes en buisson, en pyramide ou en boule sur tige; seulement, il faut savoir que les diverses pyramides et les vases exigent une place de 4 à 5 mètres pour les poiriers; de 3 à 4 mètres pour les pruniers, les cerisiers et les pommiers sur doucin; de 2 mètres pour les pommiers sur paradis, et que les groseilliers à grappes, en buisson ou en pyramide, veulent au moins 1 mètre. C'est d'après ces données, qu'on détermine le nombre et la place des arbres à planter d'une encoignure à l'autre. On indique ces places par des piquets d'inégale longueur, et l'on fait faire les trous. On plante ensuite exactement au milieu de la plate-bande, en se servant d'une règle pour déterminer la hauteur précise où chaque arbre doit être placé sur un alignement exact.

Si, au lieu de consacrer à des cultures légumières les carrés intérieurs, on voulait les cultiver en arbres fruitiers, on les diviserait en plates-bandes de 2 mètres, parallèles à celles qui longent les murs; et on les planterait alternativement d'arbres à forme élevée et à forme basse, afin de faciliter une plus grande circulation d'air. Toutes ces plates-bandes, étant dirigées du nord au sud, reçoivent entre leurs lignes le plein soleil du midi qui échauffe convenablement le sol.

TROISIÈME SECTION.

Un mot sur l'école d'arboriculture de Vilvorde.

L'école des arbres fruitiers de Vilvorde, entourée d'un mur d'enceinte, forme un carré long de 86 mètres sur 31 mètres 1/2 de largeur. La longueur va du nord au midi ; la largeur, de l'est à l'ouest. Cette largeur est divisée en trois compartiments de 10 mètres 1/2 chacun, par des murs dirigés du sud au nord. Autour des murs d'enceinte en dehors, règne une plate-bande de 2 mètres de largeur, d'où il suit que la superficie de l'école, y compris l'épaisseur des murs, est de 32 ares.

Tous les murs sont construits en briques de 20 centimètres de longueur sur 9 de largeur et 5 d'épaisseur ; leur hauteur est de 3 mètres, et ils sont recouverts d'un chaperon en tuiles, dont la saillie est de 12 à 16 centimètres.

On voit par la direction que nous avons donnée à nos murs, celle du nord au sud, que nous estimons les expositions du levant et du couchant. Ce sont donc celles que nous conseillons, afin d'avoir le plein midi entre les murs. Si nous n'avons laissé entre eux qu'un intervalle de 10 mètres 50 centimètres, ce n'est pas pour nous mettre en contradiction avec nos indications précédentes ; c'est que nous avons voulu multiplier les espaliers, et que nous espérons, par ce rapprochement, obtenir un plus haut degré de chaleur, pour favoriser la maturité de nos produits.

Ainsi, la disposition de notre école, à cause des plates-bandes extérieures, nous procure quatre expositions au levant, quatre au couchant, de 86 mètres de longueur chacune ; deux expositions au midi, et deux au nord.

Les deux premières expositions du levant recevront des pêchers ; les deux dernières, des poiriers et des cerisiers.

Les deux premières expositions du couchant seront consacrées à des abricotiers et des pruniers ; les deux dernières à des poiriers.

Tous ces espaliers recevront les diverses formes dont nous avons traité précédemment.

Aux deux expositions du midi seront placées des vignes en cordons et en palmettes.

Enfin, les deux expositions du nord seront garnies par des groseilliers, etc., etc.

Chaque compartiment, ayant une largeur de 10 mètres 50 centimètres, sera divisé de la manière suivante :

Une plate-bande de 1 mètre 30 centimètres au pied de chaque mur consacré aux espaliers, ci........	2m	60c
Une allée de pourtour pour la séparer de la plate-bande du milieu, à laquelle il nous a fallu donner deux mètres de largeur, pour la facilité du service et des leçons, ci..................	4	»
Et la plate-bande du centre, large de........	3	90
	10	50

Cette plate-bande intérieure est destinée à recevoir les exemples de toutes les formes à l'air libre, propres aux poiriers et aux pommiers, telles que pyramides ordinaires, pyramides en étoile, vases, buissons, etc., etc.

Nous avons adopté, pour le palissage des pêchers, un grillage en fil de fer n° 10, qui couvre les murs sur toute leur longueur et dans toute leur hauteur. Ce grillage, d'une grande solidité, est fixé par des clous implantés sur les quatre côtés. La dimension des mailles est de 15 centimètres carrés. Nous conseillons ce grillage à tous les propriétaires jaloux d'unir la beauté à la propreté et à la solidité de leurs espaliers.

CHAPITRE DEUXIÈME.

GÉNÉRALITÉS SUR LA CULTURE.

PREMIÈRE SECTION.

Soins généraux.

Il n'y a, quoi qu'on en dise, aucun inconvénient à cultiver sur les plates-bandes consacrées aux arbres fruitiers, quelques plantes basses et à racines peu longues. Les fraisiers surtout conviennent parfaitement aux plates-bandes d'espaliers. Le paillis qu'ils reçoivent, sert en même temps aux arbres dont on doit toujours pailler les pieds, dès la fin de mars, pour les terres légères qui s'échauffent trop promptement. On paille en couvrant le sol d'une couche épaisse de 3 à 4 centimètres de fumier pailleux. Ce paillis empêche que la terre ne se croûte et ne se fende par l'effet de la chaleur, et il y entretient une fraîcheur très-favorable à la végétation. Quant à la culture des fraisiers, elle a l'avantage de protéger les racines des arbres contre les attaques des vers blancs, qui s'adressent de préférence à ces plantes.

Quand on paille, on donne, vers l'automne, un bon binage qui incorpore le restant du paillis dans la terre.

Tous les trois ans, on façonne les plates-bandes, avec la précaution de ne pas endommager les racines des espaliers, par un labour et une quantité de fumier proportionnée aux besoins du sol et à l'état des arbres. On emploie de préférence le fumier de vache pour les terres légères, et celui de cheval pour les terres fortes ; toutefois, ces fumiers doivent être aux deux tiers consommés.

Il est encore un soin qu'on ne saurait trop recommander

pour favoriser la végétation des arbres fruitiers, pour augmenter le volume et les qualités de leurs fruits, et, ce qui est bien plus important encore, pour s'opposer à la multiplication des insectes. Ce soin consiste à arroser selon le besoin. C'est surtout pour le pêcher que nous recommandons cette utile précaution. On répand sur les feuilles, à l'aide d'une pompe dont la pomme est percée de petits trous, une certaine quantité d'eau qui tombe sur elle en forme de rosée. Ce bassinage, qu'il ne faut pas oublier à la suite d'une journée chaude et sèche, doit être fait une heure avant le coucher du soleil. Il est quelquefois utile, dans les longues sécheresses, de donner au pied des arbres un ou deux arrosoirs d'eau ; mais il faut bien se garder d'agir ainsi à l'égard du pêcher, sans avoir préalablement bassiné ses feuilles deux jours de suite pour ranimer leur énergie. Autrement, on s'exposerait à le faire périr par la suffocation des racines, dont les fonctions seraient paralysées par l'inertie des feuilles. Les arrosements à la pompe à main, faits de la même manière, sont également favorables à la vigne et surtout au chasselas dont le grain devient plus croquant.

En tout temps, il faut veiller à la propreté des arbres, et les débarrasser du bois mort et des mousses qui s'emparent souvent de leur écorce.

DEUXIÈME SECTION.

Restauration des arbres.

D'après les principes de taille que nous avons établis dans le cours de cet ouvrage, on ne doit jamais avoir d'arbres défectueux à un âge où il serait regrettable de les abattre. Nous avons d'ailleurs indiqué les moyens de remédier à leurs défauts pendant le temps que la nature a assigné à leur existence. Que faire, dès lors, quand le terme est arrivé ? Le moyen le plus simple est de remplacer les arbres décrépits ; car c'est en vain que l'art s'épuiserait à chercher des ressources pour ranimer une vie épuisée.

Cependant, si par une raison quelconque on voulait chercher à prolonger la durée d'un arbre, on se rappellera que tous les fruitiers sont doués de la faculté de repercer des yeux sur le bois le plus ancien, lorsqu'une taille faite dans ce but leur est appliquée. Cette faculté, longtemps refusée au pêcher, lui est maintenant accordée sans difficulté. Ainsi donc, on peut toujours essayer de rabattre, sur le vif, toutes les parties mortes ; et, si cette opération réussit, on peut, avec beaucoup de précautions pour les bourgeons et les rameaux naissants, arriver à reconstituer une charpente. Le plus souvent, il vaudra mieux receper le tronc lui-même à 20 centimètres, et employer la greffe en couronne pour obtenir une autre charpente rajeunie et vigoureuse. Tout cela peut certainement réussir, mais nous semble moins avantageux que de remplacer le vieil arbre par un autre jeune et vigoureux.

On sait aujourd'hui transplanter avec un plein succès les arbres déjà d'un certain âge ; et il est possible, par cette raison, de pourvoir au remplacement de ceux qui sont usés, sans interruption de récolte, ou tout au moins sans attendre longtemps les produits. Seulement, il faut avoir dans une partie du jardin des arbres disposés sous diverses formes, et qui peuvent parfaitement devenir les successeurs des vieux, si l'on prend, pour la transplantation, les précautions nécessaires.

Il faut d'abord renouveler entièrement la terre où a végété l'arbre usé, et mettre, à sa place, une terre parfaitement préparée pour l'espèce. Ensuite, on déplante, avec le plus grand soin, le remplaçant dont on a fait choix, de façon à laisser intactes toutes ses racines et toutes ses branches. On le replante avec tout autant de soins, et on ne le taille pas au printemps qui suit cette opération, ou du moins on ne fait que des retranchements indispensables. On se contente le plus souvent de régler la végétation par l'ébourgeonnement et le pincement.

Nous avons vu, à Paris, les pyramides de l'École d'arboriculture du Muséum d'histoire naturelle, transportées d'u carré à un autre, avec un plein succès, et toutes étaien âgées de 20 à 30 ans. Je pourrais citer beaucoup d'autre exemples, autant à l'égard des poiriers que des pêchers formés en espalier. C'est pourquoi nous nous proposons de dresser, dans nos pépinières, des arbres sous diverses formes, afin de pouvoir offrir aux amateurs des remplaçants qui n'apporteraient aucune interruption dans leurs jouissances.

TROISIÈME SECTION.

Récolte des fruits et leur conservation.

Il ne suffit pas de savoir cultiver les arbres fruitiers, il faut encore obtenir leurs fruits dans les meilleures conditions de maturité et de perfection. C'est pourquoi nous avons cru devoir consigner ici quelques observations générales.

Les fruits d'été, tels que les cerises, les abricots, les framboises, les prunes, quelques poires; et les fruits d'automne, comme les mûres, les pêches, les poires, les pommes, les raisins et les figues, doivent presque tous être consommés aussitôt leur maturité. C'est une sage prévoyance de la nature, qui nous dispense, dans une saison chaude, des fruits aqueux et légèrement acides, comme un rafraîchissement dont nous avons besoin. Il ne s'agit donc, pour les cueillir, que de savoir reconnaître leur maturité.

Ses caractères ne sont pas les mêmes pour toutes les espèces, et, bien que généralement le volume, la couleur et l'odeur soient des indices à peu près certains, il faut encore de l'expérience pour cueillir à propos, surtout les fruits délicats, comme la pêche, par exemple, qu'une pression maladroite peut gâter. En général, les fruits à noyau sont meilleurs, quand on les mange le jour même où on les cueille. Lorsqu'ils ne doivent être consommés que quelques jours après, il est bon de les cueillir un peu avant leur maturité; et s'ils sont destinés à être transportés, on les range dans des corbeilles en les séparant par des feuilles de vigne. Quant aux poires et aux pommes, elles doivent toujours être récoltées avant leur maturité; c'est dans le fruitier qu'elle doit s'achever. Celles d'été doivent être cueillies dix jours avant leur maturité; celles d'automne, quinze jours, et enfin celles d'hiver ou de garde, ainsi que les raisins, avant les premières gelées blanches, et dès que les feuilles commencent à jaunir et à tomber. Les nèfles, au contraire, sont récoltées, quand elles ont supporté quelques degrés de froid.

La récolte des poires, des pommes et des raisins doit se faire dans le milieu d'une belle journée. On les cueille avec précaution en leur conservant leur queue, et on les dépose, sans les meurtrir, dans les paniers destinés à les transporter au fruitier.

Les noix, les noisettes et les châtaignes sont abattues à coups de perche. Celles qui conservent leur brou ou enveloppe, sont mises à part, pour être exposées pendant quelques jours au soleil, après qu'on les en a dépouillées. Les châtaignes peuvent, sans inconvénient, et nous dirons même avec quelque avantage, rester quelques jours dans leur enveloppe hérissée, où elles complètent leur maturité. Celles qu'on veut conserver, sont passées au four et déposées ensuite en lieu sec.

Les noix et les noisettes sont étalées, par couches minces, sur des tablettes, dans une pièce exempte d'humidité.

Revenons au fruitier. Le meilleur est celui où la température a le plus de fixité, ne descend jamais au-dessous de 4 centigrades et ne monte à plus de 8. Une pièce dont l'aire est à 1 mètre environ au-dessous du sol, ayant une double porte ouvrant à l'ouest et une seule fenêtre à l'est, garnie de volets épais, est fort convenable, mais elle ne peut pas être humide. Nous ne mentionnons qu'une seule fenêtre opposée à la porte d'entrée, parce qu'elle suffit à renouveler complétement l'air avant qu'on y dépose les fruits. La pièce doit être d'ailleurs fort peu éclairée, la lumière activant la maturation. Si cette pièce était voûtée, elle n'en serait que plus favorable. Tout le pourtour est garni de plusieurs rangs de tablettes horizontales, superposées et éloignées les unes des autres de 20 centimètres; leur profondeur est de 66 centimètres, afin que la main puisse atteindre les fruits, et que la vue puisse les inspecter; elles sont munies d'un rebord pour retenir les fruits.

Les tablettes sont recouvertes ou de feuilles de papier, ou d'une légère couche de paille de seigle, ou de graines de millet bien sec. Ces diverses garnitures sont renouvelées tous les ans, et le fruitier bien nettoyé et aéré avant d'être rempli de nouveau. Les fruits sont disposés sur ces tablettes par variétés sans se toucher.

Les raisins se conservent mieux suspendus ; on se sert, à cet effet, de cerceaux de différents diamètres entrant les uns dans les autres et qui, attachés au plafond, peuvent recevoir un grand nombre de grappes sur leur circonférence. Elles y sont suspendues, sans se toucher, par la queue ou mieux par le petit bout opposé au pédoncule ; ce qui, renversant les grains, les écarte davantage les uns des autres. Quelques personnes couvrent la coupe du pédoncule avec de la cire à cacheter pour retarder l'évaporation de son humidité.

Il faut visiter souvent les fruits, ôter ceux qui se gâtent, et couper, avec des ciseaux, les grains qui pourrissent. Il faut empêcher la température de descendre au-dessous de 4 degrés; et lorsqu'il y a trop d'humidité, on dépose dans le fruitier un vase élargi contenant de la chaux vive qui l'absorbe.

Dans les grands fruitiers, où il peut se dégager beaucoup d'acide carbonique, il est prudent de n'y entrer qu'en portant devant soi une lumière dont l'extinction subite, ou même l'affaiblissement marqué, doit inviter à la retraite.

Ce danger est moins à craindre, quand on a déposé dans le fruitier un vase contenant de la chaux.

QUATRIÈME SECTION.

De quelques maladies et insectes.

§ 1. Maladies.

Blanc, *lèpre* ou *meunier*. Espèce de moisissure blanchâtre qui se montre sur les jeunes pousses du pêcher, descend peu à peu, attaque aussi les fruits et fait périr les feuilles.

Elle se déclare au printemps ou en juin, et continue jusqu'en août. Les pêchers exposés à l'est y sont les plus sujets. On l'attribue aux brusques variations de la température.

Le seul moyen employé jusqu'ici est, aussitôt qu'on s'aperçoit de sa présence, d'arroser l'arbre et particulièrement les parties malades avec une pompe à jet continu. L'action de l'eau détache la moisissure et en débarrasse l'arbre.

Cette maladie n'est pas incurable, comme on l'a prétendu, et ne reparaît pas tous les ans. A Montreuil, près de Paris, on taille, dès l'automne, les pêchers qui ont eu le blanc, afin de retrancher le plus tôt possible les sommités des branches, qui, étant le siége de la maladie, peuvent en conserver des germes. Voici une recette communiquée à la Société centrale d'horticulture de France, par un pépiniériste d'Arras, qui en assure l'efficacité :

Dans un hectolitre d'urine, on jette 25 litres de fiente de pigeon, qu'on y laisse fermenter pendant 48 heures au moins. On fait infuser, dans 4 litres d'eau, 1 kil. d'aconit, tiges et tubercules, et on mêle les deux préparations au moment de s'en servir.

Il faut en faire usage sur les pêchers avant l'ascension de la séve, c'est-à-dire pendant qu'ils sont encore en sec. On projette ce liquide sur l'arbre au moyen d'un arrosoir ou d'une pompe.

Cloque. Maladie dangereuse du pêcher, qui attaque les bourgeons et les feuilles naissantes sur lesquelles elle se manifeste par une tache rouge brun, qui s'agrandit insensiblement et finit par envahir complétement le bourgeon et la feuille qui se dessèchent et tombent. On l'attribue aux changements soudains de température, accompagnés d'une pluie froide, qu'un vent violent projette sur les feuilles. Aussitôt que la cloque s'annonce, il faut supprimer les feuilles et les bourgeons attaqués, afin d'arrêter le mal et de sauver tout ce qui peut être conservé. Par un temps de froid humide, les paillassons sont le meilleur préservatif.

Gomme. Elle attaque tous les arbres à noyau ; c'est un dépôt des sucs de l'arbre qui se forme entre l'écorce et le bois. Les sucs se coagulent, se corrompent, et désorganisent les parties avec lesquelles ils sont en contact. Cette maladie est presque toujours le résultat d'une séve trop fougueuse et qui ne trouve pas assez d'issues; aussi se manifeste-t-elle au printemps et au mois d'août. Dès qu'on remarque sa présence, l'on doit enlever jusqu'au vif, avec la serpette, toutes les parties infectées de gomme, et couvrir soigneusement toute la plaie avec une couche de cire à greffer. Si une branche se trouvait viciée par la gomme sur toute sa circonférence, il n'y aurait d'autre moyen que de l'amputer au-dessous du mal; on la remplace ensuite par les moyens que nous avons indiqués.

Le rouge est un mal particulier au pêcher. On le croit organique; car on voit, dans des pépinières, de jeunes pêchers rouges qu'il faut bien se garder de planter. Il s'annonce sur le jeune bois par une teinte rougeâtre, qui augmente progressivement et tue l'arbre en trois ou quatre ans. On prétend que le pêcher greffé sur amandier à coque tendre, est le seul qu'attaque le rouge. Il n'y a pas de moyen connu pour le guérir.

Le chancre est une maladie commune à tous les arbres; c'est une sorte d'ulcère, ordinairement sanieux, qui corrode plus ou moins profondément les parties sur lesquelles il s'est établi. Il peut être la suite d'un dépôt de gomme, comme le résultat d'une piqûre d'insecte, d'une meurtrissure de l'écorce, d'une plaie, etc. On le traite et on le guérit par le moyen indiqué pour la gomme.

§ 2. Insectes nuisibles (1).

Chenilles. Le meilleur moyen de les détruire est l'éche-

(1) MANUEL DU DESTRUCTEUR DES ANIMAUX NUISIBLES à l'agriculture, au jardinage, etc., par M. Verardi. 1 vol. orné de planches. 3 fr.
— 2e *Partie*, contenant les HYLOPHTHIRES ET LEURS ENNEMIS, ou Description et Iconographie des Insectes les plus nuisibles aux forêts, avec une méthode pour apprendre à les détruire et à ménager ceux qui leur font la guerre, à l'usage des forestiers, des jardiniers, etc.; par MM. Ratzeburg de Corberon et Boisduval. 1 vol. orné de 8 planches : prix. 2 fr. 50

nillage. Il ne faut pas négliger, en taillant, de rechercher les anneaux d'œufs déposés sur les branches et les cocons qui en sont pleins, pour les enlever et les brûler. Il faut détruire soigneusement aussi toutes les chenilles qu'on trouve errantes sur les branches et les feuilles.

Fourmis. Elles attaquent les jeunes bourgeons et même les fruits; car elles ne se montrent pas seulement sur les arbres pour profiter de la sécrétion de la séve produite par les piqûres des pucerons. D'ailleurs, ce dernier fait seul, qui conduit les arbres à un état de langueur, serait déjà un motif suffisant pour s'efforcer de les éloigner. Le moyen le plus simple est de suspendre, dans les arbres qu'elles fréquentent, de petites fioles, à moitié pleines d'eau miellée dans laquelle elles vont périr, attirées par ce liquide édulcoré.

En versant sur une fourmilière de l'eau savonneuse ou une certaine quantité d'eau à laquelle on a mêlé une dose d'huile commune, on parvient à en asphyxier le plus grand nombre.

Un anneau de glu ou de peinture à l'huile, formé autour du tronc d'un arbre, et renouvelé, quand le desséchement est complet, suffit pour les empêcher d'y monter.

De la laine tordue et imprégnée de graisse camphrée, liée autour de la tige, produit le même effet.

Vers blancs, taons, mans ou *turcs.* Tous ces noms s'appliquent à la larve du hanneton, dont les ravages ne sont révélés que par la langueur ou la mort du végétal dont elle dévore les racines. Dans toutes les campagnes, l'autorité devrait prescrire le hannetonage ou la destruction des hannetons à l'époque de leur vol, comme elle exige l'échenillage. A l'aide d'une prime accordée à une mesure fixée de hannetons, on parviendrait, en peu d'années, à en restreindre singulièrement le nombre. Ce serait le meilleur moyen d'empêcher la multiplication des larves, qui fait chaque année de nouveaux progrès, et qui deviendra un jour le désespoir des cultivateurs, si l'on ne prend des mesures générales pour l'arrêter. En attendant, chacun doit détruire, sur son terrain, les vers que la bêche met à découvert. Les fraisiers et les laitues plantés sur les plates-bandes d'espaliers ou autour des arbres fruitiers, sont attaqués par les larves, de préférence aux racines des arbres. La flétrissure de ces plantes décèle leur présence, et, en les arrachant immédiatement, on trouve à leur pied le ver que l'on détruit.

Nous avons beaucoup de vers blancs dans une de nos pépinières ; et, quand un carré en contient au point que nous ne pouvons espérer de l'en purger, en les recherchant à la bêche, nous le défonçons profondément et y plantons des essences auxquelles ils ne touchent pas, telles que le *vernis du Japon*, l'*acacia*, l'*épine-vinette*, l'*althea*, le *catalpa*, etc., etc. ; cette plantation, se faisant dru, produit beaucoup d'ombre et assez d'humidité pour détruire ces larves.

Perce-oreille ou *forficule*. Insecte bien connu, qui attaque les fruits, coupe les bourgeons et mange les feuilles. Il n'exerce ses ravages que la nuit et se retire pendant le jour dans toutes les petites retraites obscures qu'il peut trouver. On dispose sur les arbres que ces insectes visitent, de petits paquets d'herbages, des pots renversés où l'on a mis un peu de foin ou de mousse, et tous autres objets capables de leur servir de retraite. Après le lever du soleil, on visite tous ces piéges, que l'on secoue au-dessus d'un seau à moitié plein d'eau dans laquelle on a fait dissoudre et mousser un peu de savon noir.

Kermès ou *punaise*, *puceron*, *ver*, *tigre*, *grise*, etc. Ces insectes sont difficiles à détruire, et cependant leurs ravages sont considérables.

Tous les insectes dont la présence se remarque sur le bois des arbres, pendant qu'ils sont encore à l'état sec, comme le kermès, doivent être détruits par le grattage des écorces, dont on peut, sans danger et souvent même avec profit pour les arbres, enlever tout l'épiderme ; seulement, il faut, immédiatement après cette opération, donner aux parties grattées et à l'arbre entier, si on le peut, une couche d'un badigeon formé avec de la chaux vive, éteinte dans l'eau et amenée à l'état d'une bouillie claire.

Ce badigeon est favorable aux arbres ; non-seulement, il détruit une foule d'insectes et la mousse, mais encore il ravive les écorces et les rend plus aptes à remplir leurs fonctions.

Le *puceron lanigère*, qui est reconnaissable à son duvet blanc, et qui vient de faire irruption en Belgique, où il attaque, comme partout, les pommiers, doit être combattu par les moyens suivants : on gratte jusqu'au vif les exostoses ou protubérances qu'il fait naître sur les branches, et l'on donne à toutes les parties grattées, comme à toutes celles où son duvet indique sa présence, une couche d'huile le plus infecte possible.

Quant aux insectes, dont on ne remarque l'existence que lorsque les arbres en végétation sont couverts de feuilles sur lesquelles ils s'attachent et que leurs piqûres font périr, on ne peut les combattre que par les fumigations de tabac et les aspersions d'eau fétide dont voici une recette :

Eau fétide de Tatin.	Savon noir.......	1 kil.	500
	Fleur de soufre...	1	500
	Champig. des bois.	1	»
	Eau..............	56 lit.	»

On met la moitié de l'eau dans un tonneau, on y délaye le savon noir et on y mêle les champignons légèrement écrasés. On fait bouillir pendant 20 minutes la seconde moitié de l'eau avec la fleur de soufre enfermée dans un linge clair, auquel on attache un poids quelconque pour la maintenir au fond. On remue, pendant l'ébullition, avec un bâton dont on presse le nouet de fleur de soufre pour rendre l'eau aussi jaune qu'on le peut. On verse cette eau bouillante dans le tonneau et l'on agite fortement ce mélange : on remue ainsi chaque jour jusqu'à ce que la fétidité soit extrême. C'est avec cette eau qu'on asperge les arbres au moyen d'une seringue terminée par une petite tête à trous très-fins, afin d'en chasser les insectes.

Nous répéterons qu'un des meilleurs préservatifs contre l'envahissement des insectes, c'est d'arroser fréquemment les arbres ; car l'état de langueur que leur impose la sécheresse les rend bien plus attaquables.

FIN.

TABLE ALPHABÉTIQUE ET ANALYTIQUE

DES MATIÈRES

COMPRENANT LE VOCABULAIRE EXPLICATIF DES TERMES TECHNIQUES EMPLOYÉS DANS L'OUVRAGE.

TABLE DES MATIÈRES.

PREMIÈRE PARTIE.

DEUXIÈME PARTIE.

TROISIÈME PARTIE

FIN DE LA TABLE DES MATIÈRES.

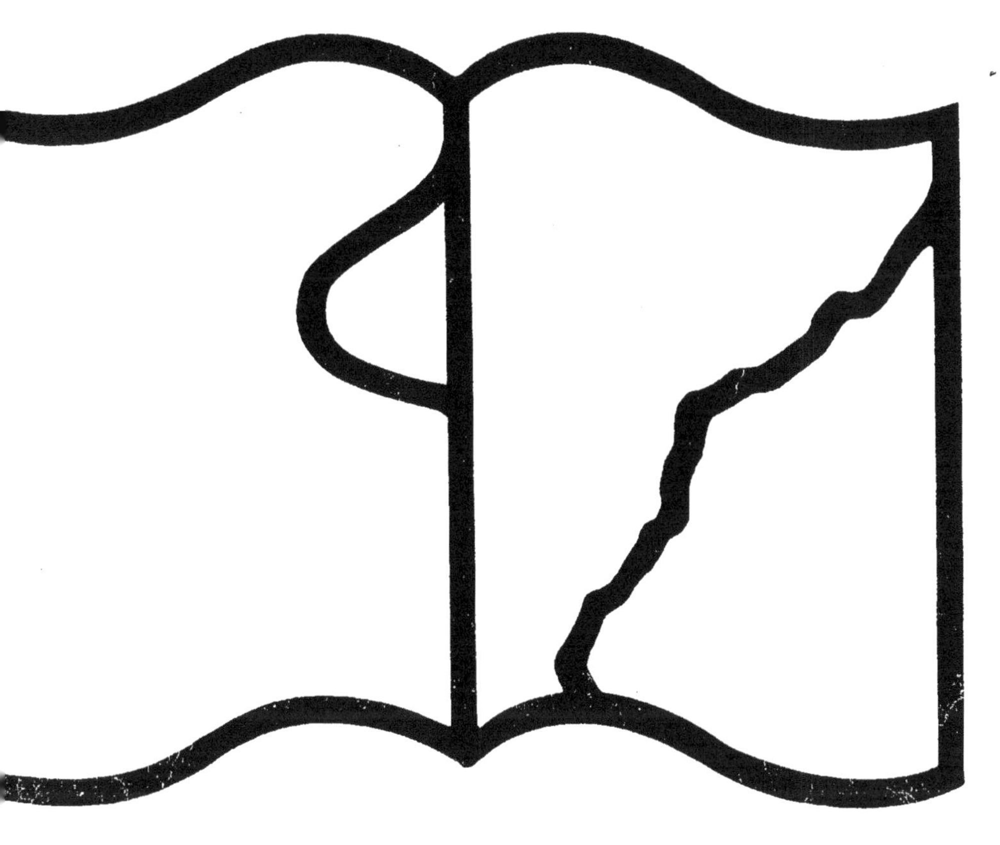

Texte détérioré — reliure défectueuse

NF Z 43-120-11

Contraste insuffisant

NF Z 43-120-14

www.ingramcontent.com/pod-product-compliance
Ingram Content Group UK Ltd.
Pitfield, Milton Keynes, MK11 3LW, UK
UKHW021925210726
13857UKWH00008B/598

9 782012 86012